AF459210

FLORE FOSSILE

DU BASSIN HOUILLER

DE VALENCIENNES

MINISTÈRE DES TRAVAUX PUBLICS

ÉTUDES

DES

GITES MINÉRAUX

DE LA FRANCE

PUBLIÉES SOUS LES AUSPICES DE M. LE MINISTRE DES TRAVAUX PUBLICS
PAR LE SERVICE DES TOPOGRAPHIES SOUTERRAINES

BASSIN HOUILLER DE VALENCIENNES

DESCRIPTION DE LA FLORE FOSSILE

PAR

R. ZEILLER

INGÉNIEUR EN CHEF DES MINES

ATLAS

DESSINS DE CH. CUISIN

PARIS

MAISON QUANTIN

COMPAGNIE GÉNÉRALE D'IMPRESSION ET D'ÉDITION

7, RUE SAINT-BENOIT

1886

Le présent atlas comprend les figures de *toutes* les espèces de végétaux fossiles dont j'ai pu constater l'existence dans les couches houillères du bassin du Nord et du Pas-de-Calais. Il est destiné à permettre aux ingénieurs qui voudront recueillir des empreintes dans leurs travaux d'exploitation de les déterminer plus facilement que par le passé, et sans être obligés de recourir aux ouvrages trop nombreux et souvent difficiles à acquérir, dans lesquels se trouvaient dispersées jusqu'à présent les figures et les descriptions de ces espèces.

Tous ces dessins, à l'exception de trois planches empruntées à l'*Atlas* du tome IV de l'*Explication de la carte géologique de la France*, sont dus à l'habile crayon de M. Cuisin, dont le talent bien connu est un sûr garant de leur scrupuleuse exactitude. Sachant pouvoir compter sur son concours pour l'exécution de ce travail, j'ai préféré ne pas m'exposer aux mécomptes graves que peuvent encore donner, malgré leurs derniers perfectionnements, les procédés de reproduction photographique, qui produisent souvent, comme on le voit dans certains ouvrages récents, des figures totalement indiscernables à côté de quelques planches d'une admirable perfection.

Afin de faciliter la reconnaissance des caractères distinctifs, j'ai tenu à joindre aux dessins de grandeur naturelle, représentant les meilleurs échantillons de chaque espèce, des dessins grossis, montrant nettement les détails qui ne sauraient être discernés facilement à l'œil nu. Tous ces dessins ont été faits au microscope et à la chambre claire, et sont par conséquent la reproduction rigoureuse des échantillons observés; je me suis servi, pour les faibles grossissements, de l'objectif zéro à écartement variable de MM. Nachet, qui m'a rendu les plus grands services et dont je ne saurais trop recommander l'emploi pour ce genre de travaux.

Le texte, actuellement à l'impression, comprendra la description détaillée de chaque espèce avec l'indication de ses caractères distinctifs les plus saillants, la liste des localités et, autant que possible, des veines dans lesquelles sa présence a été constatée, enfin les conclusions qu'on peut tirer de l'étude de la flore fossile du bassin houiller du nord de la France au point de vue géologique, et spécialement au point de vue de la division de ce bassin en étages successifs et de la reconnaissance de ces étages.

Qu'il me soit permis, en terminant ces quelques lignes, d'adresser ici tous mes remerciements à M. Jacquot, inspecteur général des mines, directeur du service des topographies souterraines, qui a bien voulu me confier l'exécution de ce travail; à M. l'inspecteur général du Souich, dont la magnifique collection a servi de base à mes études sur la flore houillère du bassin du Nord et du Pas-de-Calais; enfin à tous les directeurs et ingénieurs des houillères des deux départements, qui, en faisant mettre de côté les empreintes recueillies dans leurs travaux et en me permettant avec une inépuisable générosité de puiser dans les collections ainsi formées, m'ont fourni les matériaux les plus précieux et m'ont puissamment aidé à mener à bonne fin le travail dont j'étais chargé.

TABLE ALPHABÉTIQUE

DES ESPÈCES FIGURÉES

PLANCHE I

PLANCHE I

EXPLICATION DES FIGURES

Fig. 1. — **Sphenopteris trifoliolata.** Artis (sp.). — Fragment de penne primaire, pris dans la région inférieure.
Mines d'Anzin, fosse Thiers, veine Printanière (Nord).

Fig. 1 A. — Pinnules du même échantillon, grossies quatre fois.

Fig. 2. — **Sphenopteris trifoliolata.** Artis (sp.). — Fragment d'une penne primaire, pris vers sa région supérieure.
Mines d'Anzin, fosse Thiers, veine Printanière (Nord).

Fig. 2 A. — Pinnule du même échantillon, grossie quatre fois.

Fig. 3. — **Sphenopteris trifoliolata.** Artis (sp.). — Fragments de pennes détachées appartenant à diverses régions de la fronde.
Mines d'Anzin, fosse Thiers, veine n° 6 (Nord).

Fig. 4. — **Sphenopteris trifoliolata.** Artis (sp.). — Fragment d'une penne primaire.
Mines de Nœux, fosse n° 1, veine Saint-Augustin (Pas-de-Calais).

Fig. 4 A. — Penne tertiaire du même échantillon, grossie quatre fois, montrant le détail de la nervation et la division des pinnules inférieures.

Fig. 5. — **Sphenopteris polyphylla.** Lindley et Hutton. — Fragments de pennes secondaires.
Mines de Lens (Pas-de-Calais).

Fig. 5 A. — Penne tertiaire du même échantillon, grossie quatre fois.

PL. I

Dessiné d'ap. nat. et lith. par C. Cuisin

Imp. Lemercier & Cie Paris

PLANCHE II

PLANCHE II

EXPLICATION DES FIGURES

FIG. 1. — **Sphenopteris nevropteroïdes.** BOULAY (sp.). — Fragment de fronde.
Mines de Liévin (Pas-de-Calais).

FIG. 1 A. — Pinnule du même échantillon, grossie quatre fois.

FIG. 2. — **Sphenopteris nevropteroïdes.** BOULAY (sp.). — Fragment d'une penne primaire montrant une penne secondaire à peu près complète.
Mines de Liévin, veine Saint-Joseph (Pas-de-Calais).

FIG. 2 A. — Pinnules du même échantillon, grossies quatre fois.

FIG. 3. — **Sphenopteris Schillingsi.** ANDRÆ. — Fragments de pennes.
Mines de Nœux, fosse n° 1, veine Saint-Augustin (Pas-de-Calais).

FIG. 3 A. — Penne tertiaire du même échantillon, grossie quatre fois.

Dessiné d'ap. nat. et lith. par C. Cuisin.

Imp. Lemercier & Cie Paris

PLANCHE III

PLANCHE III

EXPLICATION DES FIGURES

Fig. 1. — **Sphenopteris obtusiloba.** Brongniart. — Fragment d'une penne primaire.
Mines d'Aniche, fosse Notre-Dame, veine n° 8 (Nord).

Fig. 1 A. — Pinnule (penne tertiaire) du même échantillon, grossie cinq fois, montrant le détail de la nervation et, entre les nervures, les fines stries rayonnantes caractéristiques de cette espèce.

Fig. 2. — **Sphenopteris obtusiloba.** Brongniart. — Fragment de fronde montrant une bifurcation du rachis primaire et une portion d'une penne primaire encore attachée à une des branches de celui-ci.
Mines de Bully-Grenay, veine Saint-Marc (Pas-de-Calais).

Fig. 3. — **Sphenopteris obtusiloba.** Brongniart. — Fragment de penne primaire portant des pinnules un peu plus grandes que les précédents échantillons.
Charbonnages du Levant du Flénu, près Mons, fosse n° 19 (Belgique).

Fig. 4. — **Sphenopteris obtusiloba.** Brongniart. — Fragment de penne primaire.
Mines de Bully-Grenay, fosse n° 3, veine n° 3 (Pas-de-Calais).

PL. III

...é d'ap. nat et lith. par C. Cuisin.

Imp. Lemercier & Cie Paris

PLANCHE IV

PLANCHE IV

EXPLICATION DES FIGURES

FIG. 1. — **Sphenopteris obtusiloba.** BRONGNIART. — Empreinte, réduite au *quart de la grandeur naturelle*, d'une portion considérable d'une fronde tripinnée, et même quadripinnée à la base, à rachis primaire bifurqué ; la portion inférieure du rachis, ne portant aucune penne sur une longueur de plus de $0^m,30$, paraît représenter le pétiole de la fronde. Les portions A et B sont figurées en vraie grandeur sur la planche V, fig. 1 et 2.

Mines de Bully-Grenay, fosse n° 7, veine Madeleine (Pas-de-Calais).

FIG. 1 A. — Extrémité d'une penne secondaire du même échantillon, grossie trois fois.

FIG. 2. — **Sphenopteris (Renaultia) gracilis.** BRONGNIART. — Empreinte d'un fragment de fronde.

Mines d'Hardinghen, veine à Cuerelles (Pas-de-Calais).

FIG. 2 A. — Pinnule du même échantillon, grossie trois frois.

FIG. 3. — **Sphenopteris (Renaultia) gracilis.** BRONGNIART. — Empreinte d'un fragment de fronde.

Mines d'Hardinghen, veine à Cuerelles (Pas-de-Calais).

FIG. 3 A. — Pinnule du même échantillon, grossie trois frois.

FIG. 4. — **Sphenopteris (Crossotheca) Boulayi.** ZEILLER. — Fragment d'une fronde, fertile dans la région inférieure, stérile au sommet.

Mines de Bully-Grenay, veine Saint-André (Pas-de-Calais).

FIG. 4 A. — Segment fertile du même échantillon, grossi trois frois, montrant les sporanges pendant sur ses bords comme les franges d'une épaulette.

FIG. 4 B et 4 C. — Pinnules stériles du même échantillon, grossies trois fois.

FIG. 5. — **Diplotmema furcatum.** BRONGNIART (sp.). — Empreinte d'un fragment de fronde.

Mines de Meurchin, veine Saint-Alexandre (Pas-de-Calais).

FIG. 5 A. — Portion de penne du même échantillon, grossie deux fois.

FIG. 6. — **Diplotmema furcatum.** BRONGNIART (sp.). — Empreinte d'un fragment de fronde.

Mines de Meurchin, veine Saint-Alexandre (Pas-de-Calais).

PL. IV.

...siné d'ap. nat. et lith. par C. Cuisin.

Imp. Lemercier et Cie Paris.

PLANCHE V

PLANCHE V

EXPLICATION DES FIGURES

FIG. 1. — **Sphenopteris obtusiloba.** BRONGNIART. — Portion A de la fronde représentée réduite sur la planche IV, fig. 1, montrant la bifurcation du rachis primaire.

Mines de Bully-Grenay, fosse n° 7, veine Madeleine (Pas-de-Calais).

FIG. 2. — **Sphenopteris obtusiloba.** BRONGNIART. — Portion B de la fronde représentée réduite sur la planche IV, fig. 1, montrant le rachis primaire au-dessous de la bifurcation et la naissance de deux pennes primaires.

Mines de Bully-Grenay, fosse n° 7, veine Madeleine (Pas-de-Calais).

FIG. 3. — **Sphenopteris (Calymmatotheca) Hœninghausi.** BRONGNIART. — Fragment de penne primaire portant trois pennes secondaires.

Mines d'Anzin (concession de Vieux-Condé), fosse Léonard, veine Neuf-paumes (Nord).

FIG. 3 A. — Pinnule du même échantillon, grossie cinq fois.

FIG. 4. — **Diplotmema furcatum.** BRONGNIART (sp.). — Fragments de pennes.

Mines d'Anzin, fosse Renard, veine Président (Nord).

FIG. 4 A. — Fragment de penne du même échantillon, grossi deux fois.

ié d'ap nat et lith par C. Cuisin.

Imp. Lemercier & Cie Paris

PLANCHE VI

PLANCHE VI

EXPLICATION DES FIGURES

FIG. 1. — **Sphenopteris (Calymmatotheca) Hœninghausi.** BRONGNIART. — Fragment de rachis primaire montrant la naissance des rachis secondaires.
Mines d'Aniche, fosse Notre-Dame, veine Cécile (Nord).

FIG. 2. — **Sphenopteris (Calymmatotheca) Hœninghausi.** BRONGNIART. — Fragment de penne primaire.
Mines d'Aniche, fosse Notre-Dame, veine Cécile (Nord).

FIG. 2 A. — Penne tertiaire du même échantillon, grossie cinq fois.

FIG. 3. — **Sphenopteris Laurenti.** ANDRÆ. — Fragment de fronde.
Mines de Vicoigne, fosse n° 2, veine Sainte-Victoire (Nord).

FIG. 3 A. — Pinnule (penne secondaire) du même échantillon, grossie cinq fois.

FIG. 4. — **Sphenopteris (Hymenophyllites) herbacea.** BOULAY. — Fragment d'une fronde fertile, portant des fructifications qui forment, à l'extrémité des lobes des pinnules, des groupes arrondis et renflés.
Mines d'Anzin, fosse Thiers (Nord).

PL. VI

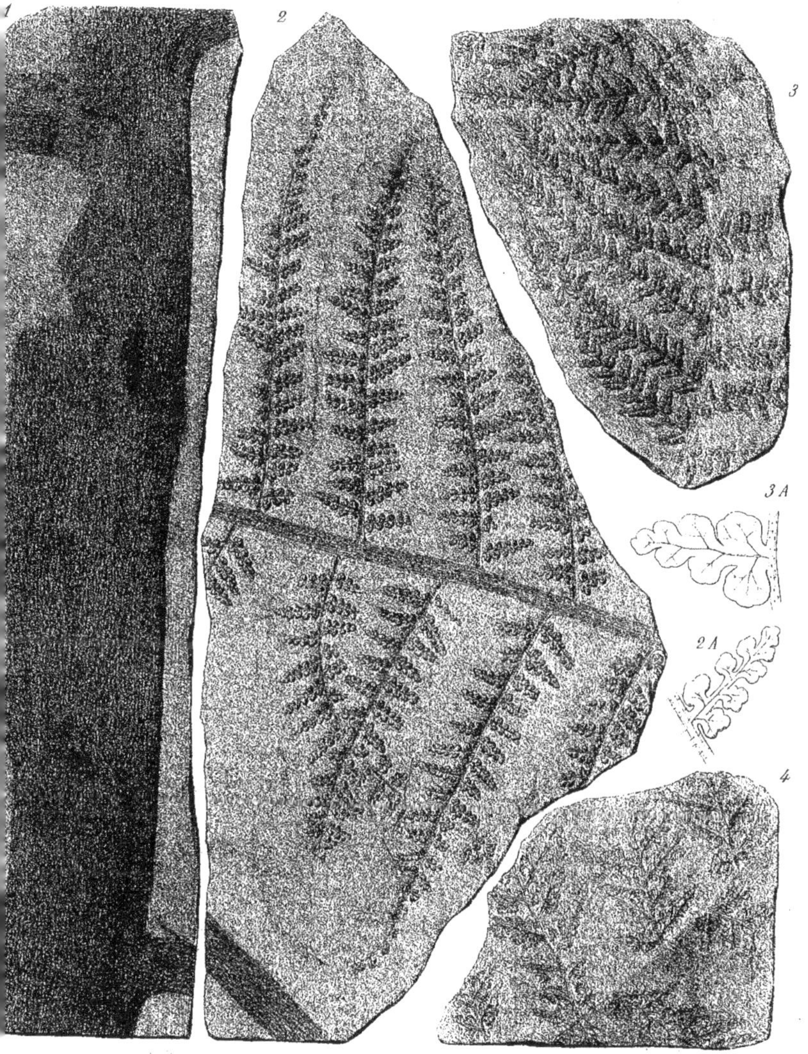

1

2

3

3 A

2 A

4

é d'ap. nat. et lith. par C. Cuisin

Imp. Lemercier & Cie Paris

PLANCHE VII

PLANCHE VII

EXPLICATION DES FIGURES

FIG. 1. —**Sphenopteris Cœmansi.** ANDRÆ. — Fragment d'une penne primaire.
Mines de Liévin, fosse n° 1 (Pas-de-Calais).

FIG 1 A. — Penne secondaire du même échantillon, grossie deux fois et demie.

FIG. 2. — **Sphenopteris Souichi.** ZEILLER. — Fragment de fronde.
Mines d'Anzin, fosse Renard, veine Paul (Nord).

FIG. 2 A et 2 B. — Portions de pennes du même échantillon, grossies quatre fois.

FIG. 3. — **Sphenopteris (Hymenophyllites) herbacea.** BOULAY. — Fragments de frondes.
Charbonnages du Levant du Flénu, près Mons, fosse n° 19 (Belgique).

FIG. 3 A. — Segment d'une des pennes du même échantillon, grossi trois fois.

FIG. 4. — **Sphenopteris (Hymenophyllites) herbacea.** BOULAY. — Fragments de frondes.
Mines de Liévin, fosse n° 3, septième veine (Pas-de-Calais).

FIG. 4 A et 4 B. — Portions de pennes du même échantillon, grossies trois fois.

FIG. 5. — **Sphenopteris (Hymenophyllites) Bronni.** GUTBIER. — Fragment de penne.
Mines de Lens (Pas-de-Calais).

FIG. 5 A. — Pinnules du même échantillon, grossies trois fois.

PL. VII

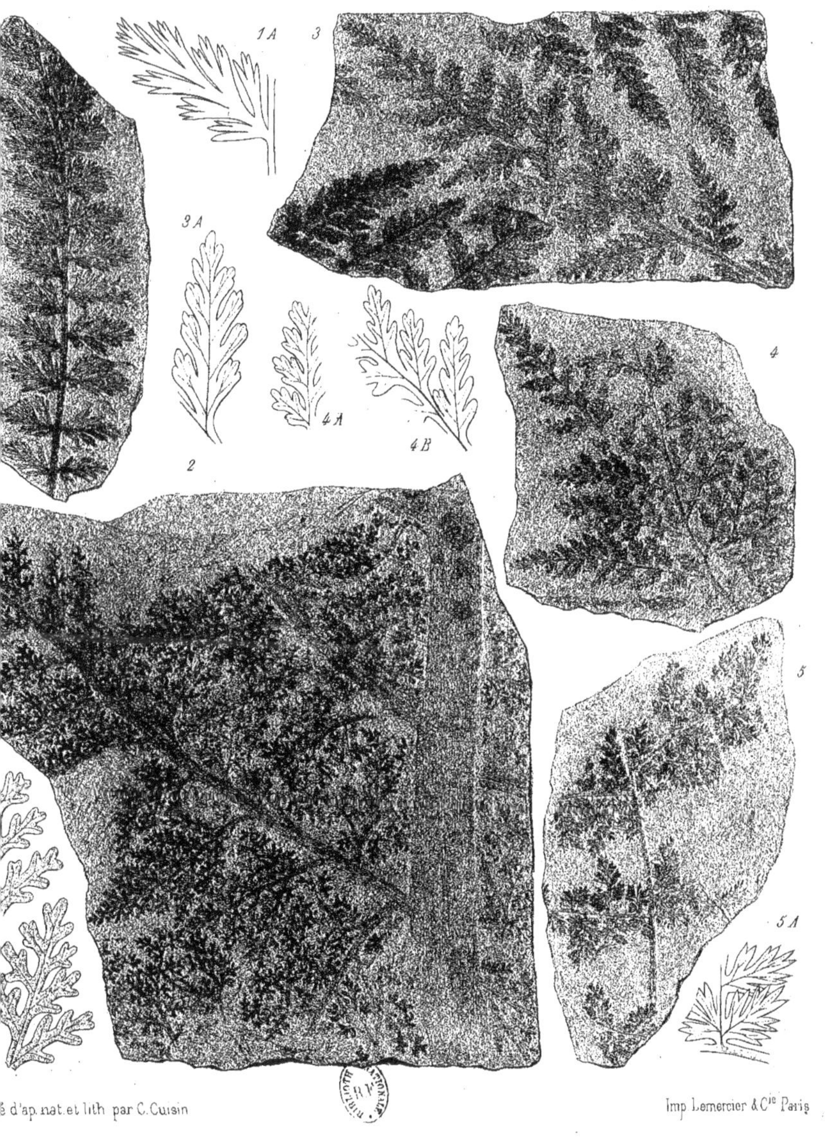

é d'ap. nat. et lith. par C. Cuisin

Imp. Lemercier & Cie Paris

PLANCHE VIII

PLANCHE VIII

EXPLICATION DES FIGURES

FIG. 1. — **Sphenopteris (Hymenophyllites) quadridactylites.** GUTBIER. — Fragment de fronde.

Mines de Bully-Grenay, fosse n° 5, veine Sainte-Barbe (Pas-de-Calais).

FIG. 1 A. — Segment tertiaire du même échantillon, grossi cinq fois.

FIG. 2. — **Sphenopteris (Hymenophyllites) quadridactylites.** GUTBIER. — Fragment de fronde.

Mines de Bully-Grenay, fosse n° 5, veine Sainte-Barbe (Pas-de-Calais).

FIG. 2 A. — Segment tertiaire du même échantillon, grossi cinq fois.

FIG. 3. — **Sphenopteris (Hymenophyllites) quadridactylites.** GUTBIER. — Fragment de penne fertile.

Mines de Bully-Grenay, fosse n° 5, veine Sainte-Barbe (Pas-de-Calais).

FIG. 3 A. — Segment du même échantillon, grossi cinq fois, montrant les sporanges. détachés, mais encore réunis par groupes à l'extrémité des lobes.

FIG. 3 B. — Portions de segments du même échantillon, grossis dix fois, montrant les sporanges groupés à l'extrémité des lobes, qui semblent eux-mêmes former une cupule destinée à les contenir.

FIG. 3 C. — Sporanges du même échantillon, grossis trente-huit fois, montrant l'anneau transversal dont ils sont munis.

PL. VIII

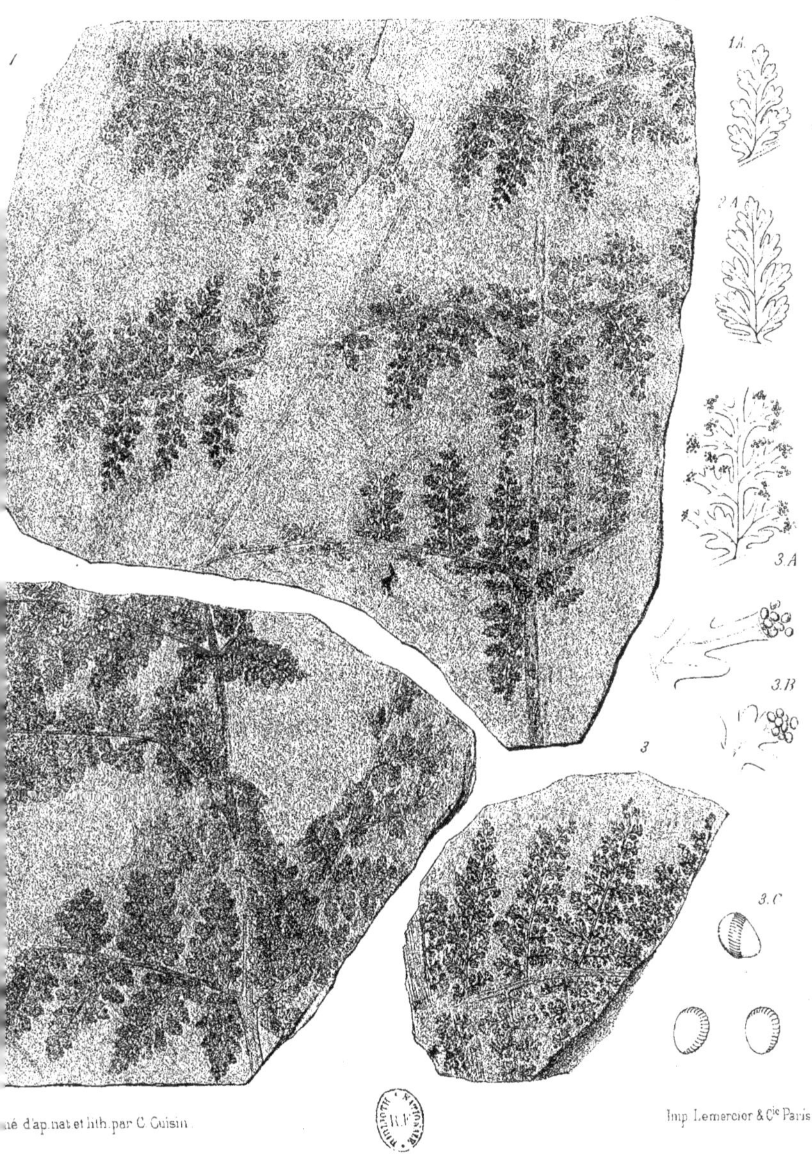

…né d'ap. nat et lith. par C. Cuisin.

Imp. Lemercier & Cie Paris

PLANCHE IX

PLANCHE IX

EXPLICATION DES FIGURES

Fig. 1. — **Sphenopteris (Corynepteris) Essinghi.** Andræ. — Fragments de pennes.
Mines d'Aniche, division d'Aniche (Nord).

Fig. 1 A et 1 B. — Pinnules du même échantillon, grossies quatre fois.

Fig. 2. — **Sphenopteris (Corynepteris) Essinghi.** Andræ. — Fragment de penne.
Mines de Meurchin, veine Saint-Alexandre (Pas-de-Calais).

Fig. 3. — **Sphenopteris Souichi.** Zeiller. — Extrémité d'une penne primaire.
Mines de Meurchin, fosse n° 1, veine Saint-Charles (Pas-de-Calais).

Fig. 3 A et 3 B. — Segments du même échantillon, grossis quatre fois.

Fig. 4. — **Sphenopteris Laurenti.** Andræ. — Fragment de fronde montrant une penne primaire complète avec une portion du rachis auquel elle est attachée.
Mines d'Aniche, fosse Saint-René, bowette midi, à 14 mètres de la veine Abélard (Nord).

Fig. 4 A et 4 B. — Pinnules du même échantillon, grossies quatre fois.

Fig. 5. — **Sphenopteris Sternbergi.** Ettingshausen (sp.). — Fragment de penne.
Mines de Meurchin, veine Saint-Alexandre (Pas-de-Calais).

Fig. 5 A. — Portion de penne du même échantillon, grossie quatre fois.

Fig. 6. — **Sphenopteris Sauveuri.** Crépin. — Fragment de fronde.
Mines d'Aniche, fosse Bernicourt, veine Marcel (Nord).

Fig. 6 A. — Penne tertiaire du même échantillon, grossie trois fois.

Fig. 7. — **Sphenopteris Delavali.** Zeiller. — Fragment de fronde.
Mines d'Aniche, fosse Bernicourt, veine Cécile (Nord).

Fig. 7 A et 7 B. — Segments tertiaires et secondaires du même échantillon, grossis quatre fois.

PL. IX

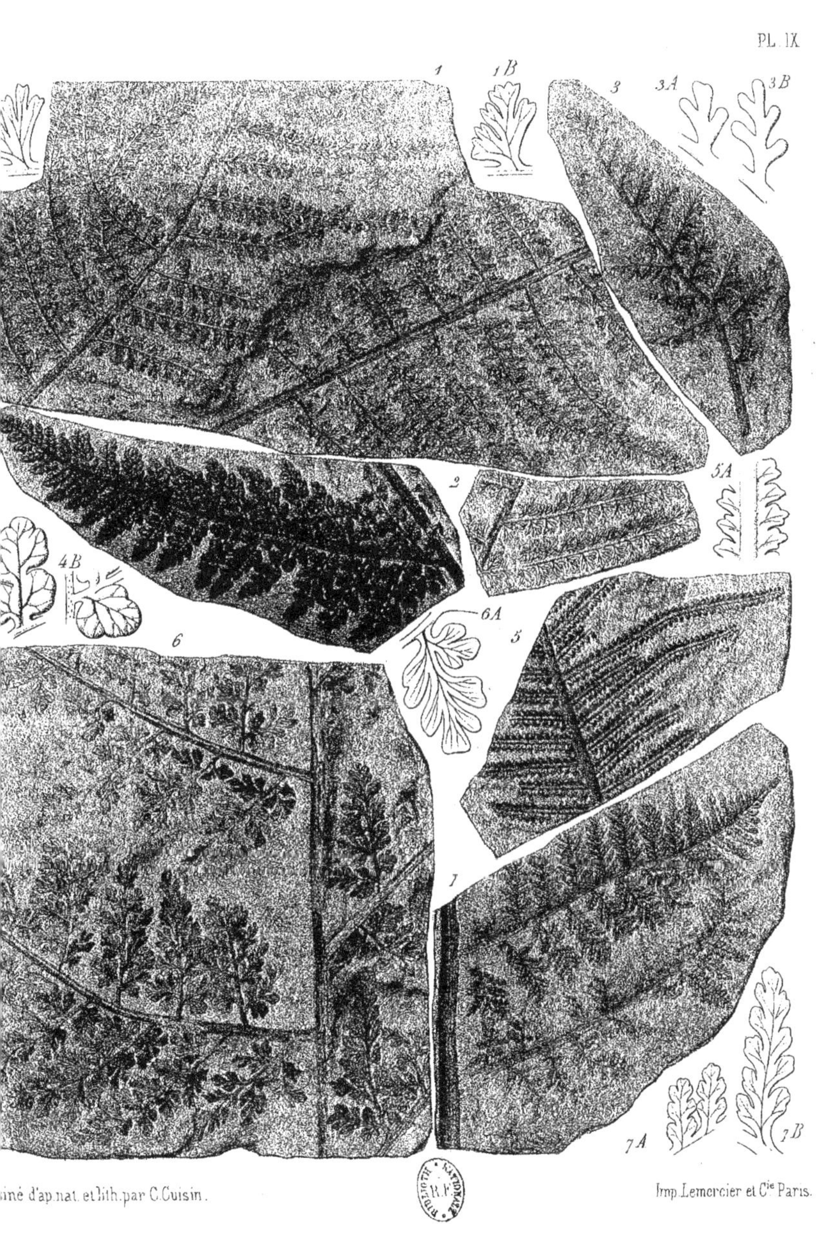

...iné d'ap.nat. et lith. par C. Cuisin.

Imp. Lemercier et Cie Paris.

PLANCHE X

PLANCHE X

EXPLICATION DES FIGURES

Fig. 1. — **Sphenopteris (Corynepteris) coralloïdes.** Gutbier. — Fragment d'une penne primaire fertile, vue en dessus.
Mines de Ferfay, fosse n° 3, veine Camille (Pas-de-Calais).

Fig. 1 A. — Portion de penne du même échantillon, grossie cinq fois.

Fig. 2. — **Sphenopteris (Corynepteris) coralloïdes.** Gutbier. — Fragments de pennes fertiles.
Mines d'Aniche, fosse l'Archevêque (Nord).

Fig. 2 A. — Portion de penne du même échantillon, grossie cinq fois, montrant les groupes de sporanges.

Fig. 3. — **Sphenopteris (Corynepteris) coralloïdes.** Gutbier. — Fragment d'une penne primaire fertile, vue en dessous.
Mines d'Aniche, fosse l'Archevêque (Nord).

Fig. 3 A. — Portion d'une penne secondaire du même échantillon, grossie cinq fois, montrant les groupes de sporanges.

Fig. 3 B. — Groupe de sporanges du même échantillon, grossi trente-cinq fois, montrant l'anneau à plusieurs rangs de cellules dont ils sont munis.

Fig. 4. — **Sphenopteris (Corynepteris) coralloïdes.** Gutbier. — Fragment d'une penne primaire stérile.
Mines de Dourges, veine Saint-Georges (Pas-de-Calais).

Fig. 4 A. — Pinnules du même échantillon, grossies cinq fois.

Fig. 5. — **Sphenopteris (Corynepteris) coralloïdes.** Gutbier. — Fragment d'une penne primaire stérile, voisin de l'extrémité.
Charbonnage de Belle-et-Bonne, fosse Avaleresse (Belgique).

Fig. 5 A. — Portion du même échantillon, grossie trois fois, montrant l'*Aphlebia* placé à l'aisselle de la penne, comme dans l'échantillon fertile représenté figure 1.

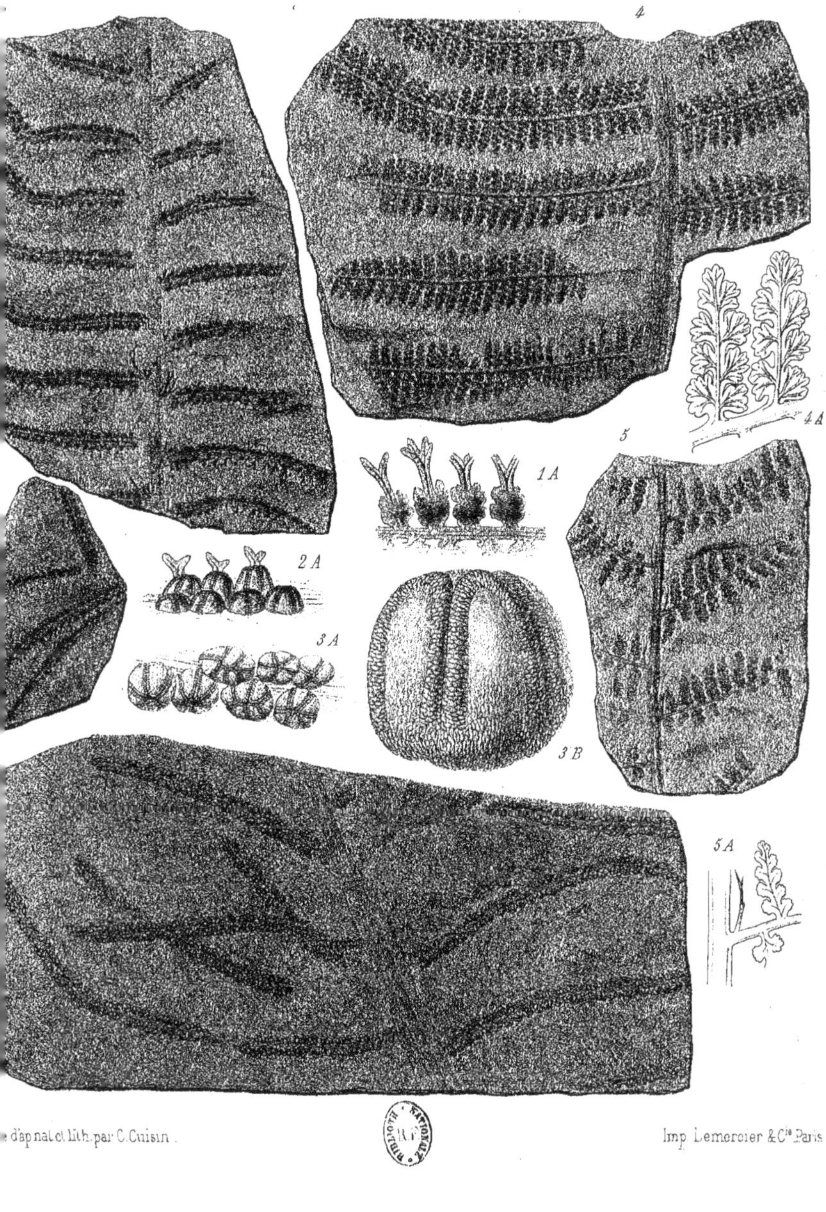

4

4 A

1 A

5

2 A

3 A

3 B

5 A

e d'ap nat et lith. par C. Cuisin.

Imp. Lemercier & Cie Paris

PLANCHE XI

PLANCHE XI

EXPLICATION DES FIGURES

Fig. 1. — **Sphenopteris (Renaultia) chærophylloïdes** Brongniart (sp.). — Fragments de pennes primaires stériles.
Charbonnages du Levant du Flénu, près Mons, fosse n° 19 (Belgique).

Fig. 1 A. — Penne secondaire du même échantillon, grossie trois fois.

Fig. 2. — **Sphenopteris (Renaultia) chærophylloïdes.** Brongniart (sp.). — Fragment d'une penne fertile.
Charbonnages du Levant du Flénu, près Mons, fosse n° 19 (Belgique).

Fig. 2 A. — Portion du même échantillon, grossie quatre fois.

Fig. 2 B. — Sporange du même échantillon, grossi cinquante-deux fois.

Fig. 3. — **Sphenopteris (Oligocarpia) Brongniarti.** Stur. — Fragment de penne, fertile dans sa région supérieure.
Mines de Lens (Pas-de-Calais).

Fig. 3 A. — Groupe de sporanges du même échantillon, grossi trente-huit fois.

Fig. 3 B. — Groupe de sporanges du même échantillon, grossi trente-huit fois, offrant au centre un sporange dressé qui montre son anneau élastique transversal.

Fig. 3 C. — Sporange du même échantillon, grossi cinquante-cinq fois.

Fig. 4. — **Sphenopteris (Oligocarpia) Brongniarti.** Stur. — Fragment de fronde grossi une fois et demie, montrant l'*Aphlebia* placé à la base des pennes primaires.
Mines de Bully-Grenay, veine Saint-Alexis (Pas-de-Calais).

Fig. 5. — **Sphenopteris (Oligocarpia) Brongniarti.** Stur. — Fragment de fronde, en partie fertile, montrant les folioles anomales *(Aphlebia)* placées sur le rachis à la base des pennes.
Mines de Lens (Pas-de-Calais).

Fig. 5 A et 5 B. — Pinnules stériles du même échantillon, grossies cinq fois.

Fig. 5 C. — Pinnule fertile du même échantillon, grossie cinq fois.

…né d'ap nat et lith par C. Cuisin.

Imp. Lemercier & Cie Paris

PLANCHE XII

PLANCHE XII

EXPLICATION DES FIGURES

FIG. 1. — **Sphenopteris Douvillei**. ZEILLER. — Fragments de pennes primaires.
Mines de Dourges (Pas-de-Calais).

FIG. 1 A. — Portion d'une penne secondaire du même échantillon, grossie cinq fois.

FIG. 2. — **Calymmatotheca asteroïdes**. LESQUEREUX (sp.). — Fragment d'une per fertile.
Mines de Dourges, fosse n° 2, veine n° 5 (Pas-de-Calais).

FIG. 2 A. — Portion de penne du même échantillon, grossie deux fois et demie.

FIG. 2 B. — Sporange du même échantillon, grossi dix-huit fois.

FIG. 3. — **Sphenopteris mixta**. SCHIMPER. — Fragment de fronde.
Mines de Courrières (Pas-de-Calais).

FIG. 3 A. — Portion d'une penne secondaire du même échantillon, grossie cinq fois.

FIG. 4. — **Sphenopteris stipulata**. GUTBIER. — Fragment d'une penne secondaire.
Mines de Lens, fosse n° 1, veine Céline (Pas-de-Calais).

FIG. 4 A. — Pinnule du même échantillon, grossie trois fois.

FIG. 5. — **Myriotheca Desaillyi**. ZEILLER. — Fragment de penne fertile.
Mines de Liévin (Pas-de-Calais).

FIG. 5 A. — Portion du même échantillon, grossie trois fois, montrant la face inférie des pinnules entièrement garnie de sporanges.

FIG. 5 B. — Sporanges du même échantillon, grossis cinquante-deux fois.

FIG. 6. — **Diplotmema Gilkineti**. STUR. — Fragment de penne.
Mines de Bully-Grenay, fosse n° 5, veine Sainte-Barbe (Pas-de-Calais

FIG. 6 A. — Pinnule du même échantillon, grossie trois fois.

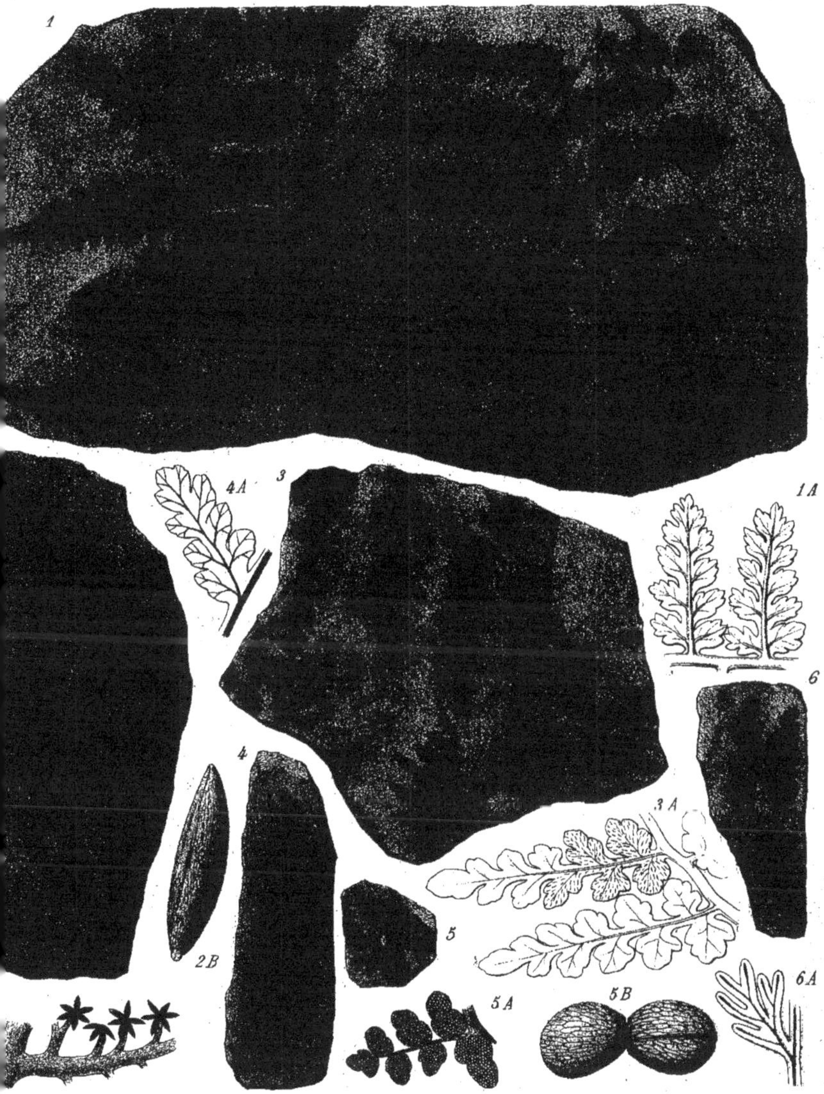

PL. XII

d'ap. nat. et lith. par C. Cuisin

Imp. Lemercier & Cie Paris

PLANCHE XIII

PLANCHE XIII

EXPLICATION DES FIGURES

Fig. 1. — **Sphenopteris (Crossotheca) Crepini.** Zeiller. — Portions de frondes, dont une, celle de gauche, est entièrement stérile, tandis que celle de droite est fertile sur la plus grande partie de son étendue; l'une des pennes est stérile du côté supérieur et fertile de l'autre.
Mines de Lens (Pas-de-Calais).

Fig. 1 A et 1 B. — Portions de pennes secondaires stériles du même échantillon, grossies cinq fois.

Fig. 1 C. — Segment fertile du même échantillon vu en dessus, grossi cinq fois.

Fig. 1 D. — Segment fertile du même échantillon, grossi cinq fois, montrant les sporanges pendant sur ses bords comme les franges d'une épaulette.

Fig. 2. — **Sphenopteris (Crossotheca) Crepini.** Zeiller. — Portion de penne secondaire fertile, grossie quatre fois.
Charbonnage de Belle-et-Bonne, fosse Cour (Belgique).

Fig. 3. — **Sphenopteris (Crossotheca) Crepini.** Zeiller. — Portion de penne secondaire fertile, grossie deux fois et demie.
Charbonnage de Belle-et-Bonne, fosse Cour (Belgique).

Fig. 3 A. — Sporange détaché du même échantillon, grossi dix-huit fois.

PL. XIII

1 1A 1B 2 3A 3 1C 1D

…é d'ap. nat et lith par C. Cuisin. Imp. Lemercier & Cie Paris

PLANCHE XIV

PLANCHE XIV

EXPLICATION DES FIGURES

Fig. 1. — **Sphenopteris Potieri.** Zeiller. — Portion de penne primaire ; vers le haut de l'échantillon, à gauche, on aperçoit un fragment d'une seconde penne parallèle à la première, ce qui indique qu'elles devaient être attachées à un rachis primaire commun.

Mines de Lens, fosse n° 1, veine Céline (Pas-de-Calais).

Fig. 1 A. — Penne tertiaire du même échantillon, grossie quatre fois.

Fig. 2. — **Sphenopteris artemisiæfolioïdes.** Crépin. — Portion de fronde.

Mines de Bully-Grenay, fosse n° 1, bowette levant à 285 m. (Pas-de-Calais).

Fig. 2 A. — Pinnule du même échantillon, grossie deux fois et demie.

Fig. 3. — **Sphenopteris artemisiæfolioïdes.** Crépin. — Portion de fronde.

Mines de Courrières, fosse n° 4, veine Augustine (Pas-de-Calais).

Fig. 3 A. — Portion de penne secondaire du même échantillon, grossie deux fois et demie.

PL. XIV

d'ap nat et lith par C. Cuisin.

Imp. Lemercier & Cie Paris.

PL. XIV

Dessiné d'ap nat et lith par C. Cuisin.

Imp. Lemercier & Cie Par

PLANCHE XV

PLANCHE XV

EXPLICATION DES FIGURES

Fig. 1. — **Sphenopteris spinosa.** Goeppert. — Fragment de penne.
Mines de Bully-Grenay, veine Saint-Luc (Pas-de-Calais).

Fig. 1 A. — Pinnule du même échantillon, grossie deux fois.

Fig. 2. — **Sphenopteris spinosa.** Goeppert. — Fragment de penne.
Mines de Bully-Grenay, veine Saint-Luc (Pas-de-Calais).

Fig. 3. — **Sphenopteris spinosa.** Goeppert. — Fragment de penne.
Mines de Bully-Grenay, fosse n° 3, veine Saint-Ignace (Pas-de-Calais).

Fig. 4. — **Sphenopteris laxifrons.** Zeiller. — Fragments de pennes.
Mines de Liévin (Pas-de-Calais).

Fig. 4 A. — Portion du même échantillon, grossie trois fois.

Fig. 5. — **Diplotmema Zeilleri.** Stur. — Fragment d'une penne fertile.
Mines de Bully-Grenay, veine Saint-Alexis (Pas-de-Calais).

Fig. 5 A. — Pinnules du même échantillon, grossies six fois.

Fig. 5 B. — Lobe d'une pinnule du même échantillon, grossi trente-deux fois.

PL.XV

d'ap nat et lith par C. Cuisin.

Imp. Lemercier & Cie Paris

PLANCHE XVI

PLANCHE XVI

EXPLICATION DES FIGURES

FIG. 1. — **Diplotmema Zeilleri.** STUR. — Portion d'une grande plaque offrant, sur la gauche, une partie du rachis primaire, auquel sont attachées quatre pennes primaires bipartites, à pennes secondaires basilaires plus découpées que les suivantes. De ces quatre pennes, la plus élevée se trouve en dehors de la portion représentée sur le dessin. A la base de chacun des rachis secondaires, on voit sur le rachis primaire deux folioles anomales (*Aphlebia*) profondément découpées; elles sont plus visibles et plus développées en A, sur un autre fragment de fronde, de taille plus considérable, incomplètement représenté sur la figure.

Mines de Bully-Grenay, fosse n° 5, veine Saint-Alexis (Pas-de-Calais).

FIG. 2. — **Diplotmema Zeilleri.** STUR. — Penne tertiaire d'un autre échantillon, grossie trois fois.

Mines de Bully-Grenay, fosse n° 5, veine Saint-Alexis (Pas-de-Calais).

Lap. nat. et lith. par C. Cuisin.

Imp. Lemercier & Cie Paris

PLANCHE XVII

PLANCHE XVII

EXPLICATION DES FIGURES

FIG. 1. — **Mariopteris latifolia.** BRONGNIART (sp.). — Fragment d'une grande plaque présentant l'empreinte d'une penne primaire quadripartite presque complète : une des quatre sections de cette penne est brisée à peu de distance de la seconde bifurcation du rachis.

Mines de Bully-Grenay, fosse n° 2, veine n° 16 (Pas-de-Calais).

FIG. 1 A. — Portion d'une penne tertiaire du même échantillon, grossie deux fois et demie, montrant le détail de la nervation et les dentelures visibles seulement du côté droit.

FIG. 1 B et 1 C. — Pennes tertiaires du même échantillon, grossies deux fois et demie, montrant le détail de la nervation, mais dont les bords ne paraissent pas dentelés, les dents étant restées engagées dans la roche.

FIG. 2. — **Mariopteris latifolia.** BRONGNIART (sp.). — Fragment de penne.

Mines de Bully-Grenay, fosse n° 2, veine n° 16 (Pas-de-Calais).

Pl. XVII.

1

1A

B

1C

...ap. nat. et lith. par C. Cuisin.

Imp. Lemercier et Cie Paris.

PLANCHE XVIII

PLANCHE XVIII

EXPLICATION DES FIGURES

Fig. 1. — **Mariopteris latifolia.** Brongniart (sp.). — Fragment d'une penne primaire quadripartite montrant, vers la droite, une portion du pétiole nu, et à gauche une des bifurcations du rachis avec la base de deux des sections de la penne primaire.

Charbonnages du Levant du Flénu, près Mons, fosse n° 19 (Belgique).

Fig. 1 A. — Portion d'une penne secondaire du même échantillon, grossie deux fois et demie, montrant la nervation et les dentelures des pinnules.

Fig. 2. — **Mariopteris acuta.** Brongniart (sp.). — Fragment d'une penne primaire montrant une des bifurcations du rachis.

Mines d'Anzin (concession de Vieux-Condé), fosse Chabaud-Latour, veine Philippine (Nord).

Fig. 2 A et 2 B. — Pennes tertiaires du même échantillon, grossies deux fois et demie.

Fig. 3. — **Diplotmema Jacquoti.** Zeiller. — Fragment de fronde montrant la trace du pétiole nu portant à son sommet les deux sections divergentes d'une penne primaire.

Mines de Ferfay, fosse n° 1, veine Victor (Pas-de-Calais).

Fig. 3 A. — Portion d'une penne tertiaire du même échantillon, vue en dessous, grossie deux fois et demie.

Fig. 4. — **Diplotmema Jacquoti.** Zeiller. — Fragments de pennes secondaires montrant leur mode de terminaison.

Mines de Ferfay, fosse n° 1, veine Victor (Pas-de-Calais).

Fig. 5. — **Diplotmema Jacquoti.** Zeiller. — Fragment d'une penne primaire montrant le pétiole nu, marqué de rides transversales et portant à son sommet les deux sections opposées de la penne primaire.

Mines de Ferfay, fosse n° 1, veine Victor (Pas-de-Calais).

Fig. 6. — **Diplotmema Jacquoti.** Zeiller. — Fragment d'une penne primaire.

Mines de Ferfay, fosse n° 1, veine Victor (Pas-de-Calais).

Fig. 6 A. — Base d'une penne secondaire du même échantillon, vue en dessus, grossie deux fois et demie.

PL. XVIII

Tap. nat et lith par C. Cuisin

Imp. Lemercier & Cie Paris

PLANCHE XIX

PLANCHE XIX

EXPLICATION DES FIGURES

FIG. 1. — **Mariopteris Soubeirani.** ZEILLER. — Fragments d'une penne primaire montrant une grande partie d'une de ses sections, et vers le haut, à droite, une petite portion d'une autre.

Mines de Lens, fosse n° 2, veine Arago (Pas-de-Calais).

FIG. 1 A et 1 B. — Pennes tertiaires du même échantillon, grossies deux fois et demie.

FIG. 2. — **Mariopteris Dernoncourti.** ZEILLER. — Fragments de pennes secondaires (l'échantillon devrait être orienté en sens inverse).

Mines d'Anzin (concession de Vieux-Condé), fosse Chabaud-Latour, veine Philippine (Nord).

FIG. 2 A. — Portion d'une penne tertiaire du même échantillon, grossie deux fois et demie.

FIG. 3. — **Mariopteris sphenopteroïdes.** LESQUEREUX (sp.). — Fragment d'une penne primaire.

Mines de Bully-Grenay, veine Saint-Alexis (Pas-de-Calais).

FIG. 3 A. — Portion d'une penne secondaire du même échantillon, grossie deux fois et demie.

FIG. 4. — **Mariopteris sphenopteroïdes.** LESQUEREUX (sp.). — Fragment d'une penne primaire.

Mines de Bully-Grenay, veine Saint-Alexis (Pas-de-Calais).

FIG. 4 A. — Portion d'une penne secondaire du même échantillon, grossie deux fois et demie.

PL. XIX

1

1 A

1 B

3

3 A

4

4 A

2 A

d'ap. nat. et lith. par C. Cuisin.

Imp. Lemercier & Cie Paris

PLANCHE XX

PLANCHE XX

EXPLICATION DES FIGURES

Fig. 1. — **Mariopteris muricata.** Schlotheim (sp.), forme *nervosa*. — Partie supérieure d'une penne montrant la soudure graduelle des pinnules en pennes entières.

Mines de Courrières, fosse n° 4, veine Augustine (Pas-de-Calais).

Fig. 1 A. — Penne secondaire de la région supérieure du même échantillon, grossie deux fois et demie.

Fig. 1 B. — Portion de la penne secondaire inférieure du même échantillon, grossie deux fois et demie.

Fig. 2 et 3. — **Mariopteris muricata.** Schlotheim (sp.), forme *typica*. — Portion inférieure et sommet d'une même section de penne primaire, que le défaut d'espace n'a pas permis de représenter dans son entier. On aperçoit, vers le bas de la figure 2, la base d'une autre des quatre sections dont l'ensemble constitue une penne primaire quadripartite.

Mines d'Anzin (Nord).

Fig. 2 A. — Pinnule du même échantillon, grossie deux fois et demie.

Fig. 4. — **Mariopteris muricata.** Schlotheim (sp.), var. *hirta* Stur. — Fragment de penne.

Mines d'Annœullin (Pas-de-Calais).

Pl. XX.

Tap. nat. et lith. par C. Cuisin.

Imp. Lemercier et Cie Paris.

PLANCHE XXI

PLANCHE XXI

EXPLICATION DES FIGURES

Fig. 1. — **Mariopteris muricata.** Schlotheim (sp.), forme *typica*. — Penne primaire quadripartite, encore attachée au rachis principal.
Mines d'Anzin (Nord).

Fig. 1 A. — Portion inférieure d'une des pennes secondaires, grossie deux fois et demie.

Pl. XXI.

1

1A

…ssiné d'après nat. et lith. par C. Cuisin.

Imp. Lemercier et Cie Paris.

PLANCHE XXII

PLANCHE XXII

EXPLICATION DES FIGURES

Fig. 1. — **Mariopteris muricata.** Schlotheim (sp.), forme *nervosa.* — Penne primaire quadripartite appartenant à la région supérieure d'une fronde, à pennes secondaires presque entières.
Charbonnages du Levant du Flénu, près Mons, fosse n° 19 (Belgique).

Fig. 2. — **Mariopteris muricata.** Schlotheim (sp.). — Penne primaire quadripartite appartenant à la région moyenne de la fronde, présentant réunis les caractères des deux formes principales, forme *typica* et forme *nervosa.*
Mines de Lens, fosse n° 1, veine Céline (Pas-de-Calais).

Fig. 2 A. — Portion inférieure d'une penne secondaire du même échantillon, grossie deux fois.

d ap. nat. et lith. par C. Cuisin

Imp. Lemercier & Cie Paris

PLANCHE XXIII

PLANCHE XXIII

EXPLICATION DES FIGURES

FIG. 1. — **Mariopteris muricata.** SCHLOTHEIM (sp.), forme *nervosa*. — Fragment de fronde présentant trois pennes primaires quadripartites plus ou moins complètes, encore attachées au rachis principal, et, vers le bas, le pétiole brisé d'une quatrième penne, peut-être de celle qui gît détachée à peu de distance.

Mines de Marles, fosse n° 5, veine Henriette (Pas-de-Calais).

FIG. 1 A. — Portion d'une penne secondaire appartenant à la région moyenne d'une des pennes primaires du même échantillon, grossie deux fois et demie.

FIG. 1 B. — Portion d'une penne secondaire appartenant à la région inférieure d'une des pennes primaires du même échantillon, grossie deux fois et demie.

Pl. XXIII.

...é d'ap. nat. et lith. par C. Cuisin

Imp. Lemercier & Cie Paris

PLANCHE XXIV

PLANCHE XXIV

EXPLICATION DES FIGURES

Fig. 1. — **Pecopteris (Asterotheca) abbreviata.** Brongniart. — Fragment d'une grande plaque présentant l'empreinte de la région supérieure d'une fronde et montrant la soudure graduelle des pinnules.
Mines de Bully-Grenay, fosse n° 5, veine Sainte-Barbe (Pas-de-Calais).

Fig. 1 A. — Pinnules d'une penne inférieure du même échantillon, non représentée sur le dessin, grossies deux fois.

Fig. 1 B. — Penne secondaire d'une des pennes primaires moyennes du même échantillon, grossie deux fois.

Fig. 1 C. — Extrémité d'une des pennes primaires moyennes du même échantillon, grossie deux fois.

Fig. 1 D. — Penne secondaire d'une des pennes primaires supérieures du même échantillon, grossie deux fois.

Fig. 2. — **Pecopteris (Asterotheca) abbreviata.** Brongniart — Fragment de penne primaire appartenant à la région inférieure ou moyenne d'une fronde.
Mines de Nœux, fosse n° 4, veine Saint-Paul (Pas-de-Calais).

Fig. 3. — **Pecopteris (Asterotheca) abbreviata.** Brongniart. — Fragment d'une penne primaire fertile.
Mines de Bully-Grenay, fosse n° 5, veine Sainte-Barbe (Pas-de-Calais).

Fig. 4. — **Pecopteris (Asterotheca) abbreviata.** Brongniart. — Fragment d'une penne primaire fertile.
Mines de Bully-Grenay, fosse n° 5, veine Sainte-Barbe (Pas-de-Calais).

Fig. 4 A. — Portion d'une penne secondaire du même échantillon, grossie deux fois.

Fig. 4 B. — Groupe de sporanges du même échantillon, grossi quatorze fois.

PL.XXIV

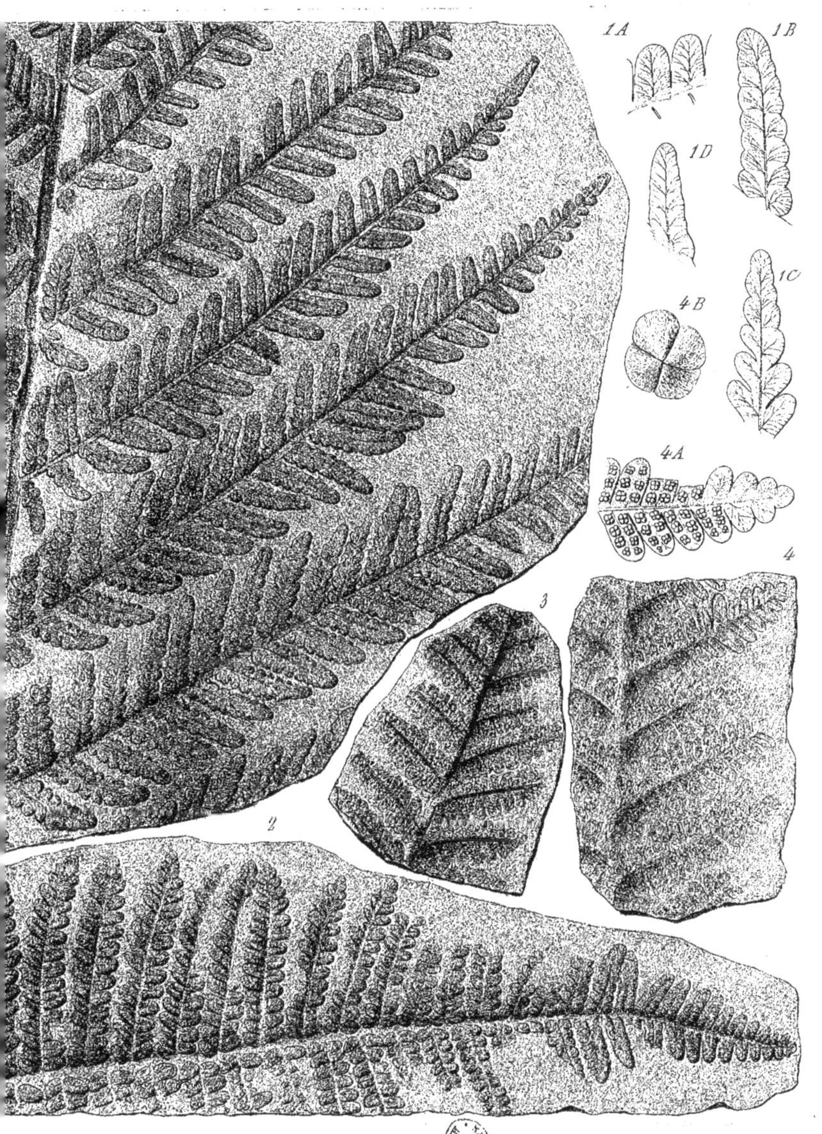

D'ap nat. et lith par C. Cuisin

Imp Lemercier & Cie Paris

PLANCHE XXV

PLANCHE XXV

EXPLICATION DES FIGURES

FIG. 1. — **Pecopteris (Asterotheca) crenulata.** BRONGNIART. — Extrémité d'une penne primaire.
Mines de Dourges, veine Saint-Louis (Pas-de-Calais).

FIG. 2. — **Pecopteris (Asterotheca) crenulata.** BRONGNIART. — Portion inférieur d'une penne primaire à pinnules plus grandes et en partie fertile.
Mines de Bully-Grenay (Pas-de-Calais).

FIG. 2 A. — Portion d'une penne secondaire du même échantillon, grossie deux fois, montrant le détail de la nervation et les poils placés à la base des pinnules.

FIG. 2 B. — Portion inférieure d'une penne secondaire du même échantillon, grossie deux fois, montrant les crénelures des pinnules.

FIG. 2 C. — Pinnules fertiles du même échantillon, grossies deux fois.

FIG. 3. — **Pecopteris (Asterotheca) crenulata.** BRONGNIART. — Portion d'une penne secondaire fertile.
Mines de Bully-Grenay, fosse n° 1, veine Saint-André (Pas-de-Calais).

FIG. 3 A. — Portion du même échantillon, grossie deux fois, montrant les sporanges groupés par quatre sur le bord des pinnules.

FIG. 4. — **Pecopteris (Asterotheca) crenulata.** BRONGNIART. — Portion d'une penne à pinnules inférieures fertiles.

FIG. 4 A. — Portion du même échantillon, grossie deux fois, montrant le détail de la nervation et les crénelures des pinnules.

FIG. 5. — **Pecopteris integra.** ANDRÆ (sp.). — Portion supérieure d'une penne primaire.
Mines de Bully-Grenay, fosse n° 5, veine Sainte-Barbe (Pas-de-Calais).

FIG. 5 A. — Pinnule du même échantillon, grossie deux fois et demie, montrant le détail de la nervation.

FIG. 5 B. — Sommet d'une penne secondaire du même échantillon, grossi deux fois et demie, montrant le détail de la nervation et la soudure graduelle des pinnules.

PL. XXV.

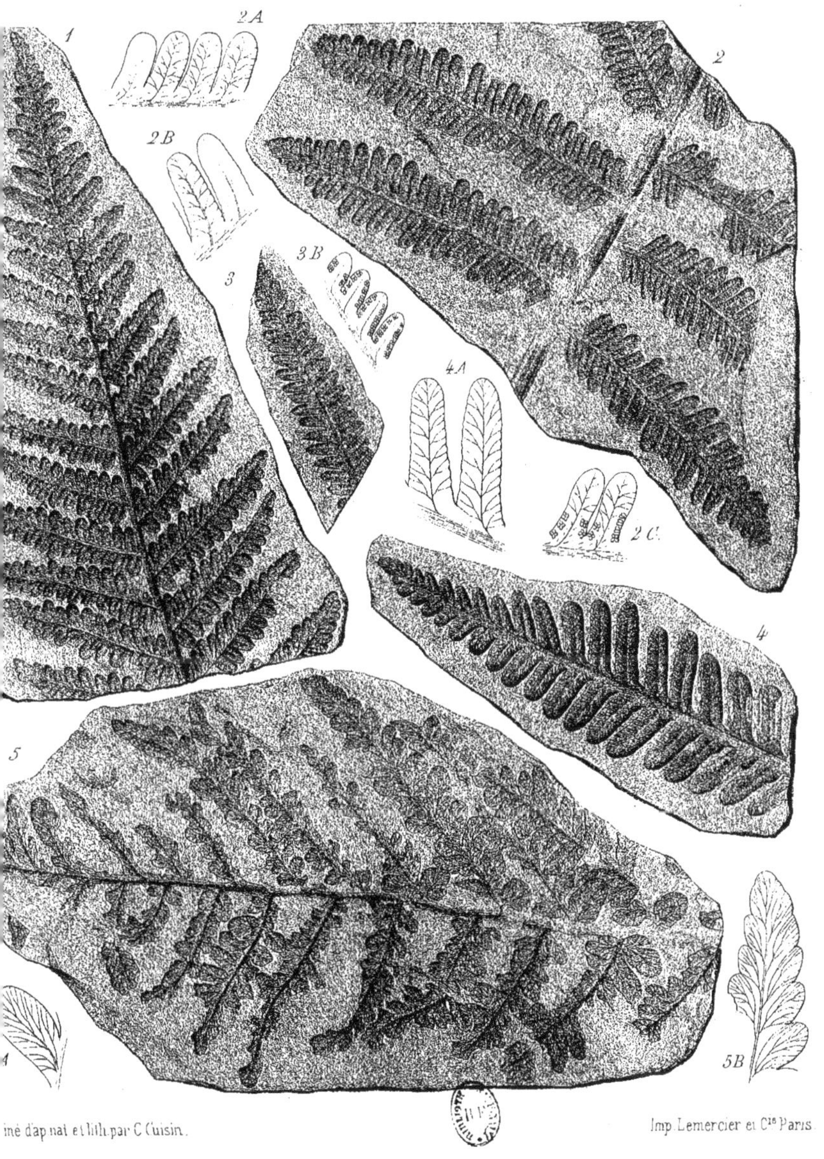

…iné d'ap. nat. et lith. par C. Cuisin. Imp. Lemercier et Cie Paris.

PLANCHE XXVI

PLANCHE XXVI

EXPLICATION DES FIGURES

Fig. 1. — **Pecopteris (Dactylotheca) dentata.** Brongniart. — Fragment d'une grande plaque présentant l'empreinte d'une portion considérable d'une fronde.
Mines de Bully-Grenay, fosse n° 7, veine Christian (Pas-de-Calais).

Fig. 1 A. — Pinnules d'une penne secondaire du même échantillon, prises dans la région inférieure, grossies deux fois et demie.

Fig. 1 B. — Segments secondaires de la région supérieure d'une des pennes du même échantillon, grossis deux fois et demie.

Fig. 2. — **Pecopteris (Dactylotheca) dentata.** Brongniart. — Fragment de fronde portant des fructifications.
Mines d'Eschweiler (Prusse rhénane).

Fig. 2 A. — Pinnule stérile du même échantillon, grossie deux fois et demie.

Fig. 2 B. — Portion de penne partiellement fertile du même échantillon, grossie deux fois et demie.

Fig. 2 C et 2 D. — Pinnules fertiles du même échantillon, grossies six fois.

Fig. 2 E. — Sporange du même échantillon, grossi trente-cinq fois.

Dessiné d'ap. nat. et lith. par C. Cuisin.

Imp. Lemercier & Cie Paris

PLANCHE XXVII

PLANCHE XXVII

EXPLICATION DES FIGURES

FIG. 1. — **Pecopteris (Dactylotheca) dentata.** BRONGNIART. — Fragment de fronde. Mines de Bully-Grenay, fosse n° 3, veine Sainte-Alice (Pas-de-Calais).

FIG. 1 A et 1 B. — Pinnules du même échantillon, grossies deux fois et demie.

FIG. 2. — **Pecopteris (Dactylotheca) dentata.** BRONGNIART. — Fragment de penne. Charbonnage de Crachet-Picquery (Belgique).

FIG. 2 A. — Pinnules du même échantillon, grossies deux fois et demie.

FIG. 3. — **Pecopteris (Dactylotheca) dentata.** BRONGNIART. — Fragment de penne. Mines d'Anzin (concession de Denain), fosse Villars, veine Édouard (Nord).

FIG. 3 A. — Pinnules du même échantillon, grossies deux fois et demie.

FIG. 4. — **Pecopteris (Dactylotheca) dentata.** BRONGNIART. — Fragment de fronde, montrant les *Aphlebia* placés sur le rachis à la base des pennes. Mines d'Aniche, fosse l'Archevêque, veine Georges (Nord).

PL. XXVII

Dessiné d'ap. nat. et lith. par C. Cuisin

Imp. Lemercier & Cie Paris

PLANCHE XXVIII

PLANCHE XXVIII

EXPLICATION DES FIGURES

FIG. 1. — **Pecopteris Volkmanni.** SAUVEUR. — Fragment de fronde.
Mines d'Aniche, fosse Gayant, veine n° 5 (Nord).

FIG. 1 A. — Pinnule du même échantillon, grossie deux fois et demie.

FIG 2. — **Pecopteris Volkmanni.** SAUVEUR. — Fragment de penne primaire.
Mines d'Aniche, fosse Dechy (Nord).

FIG. 2 A. — Pinnule du même échantillon, grossie deux fois et demie.

FIG. 3. — **Pecopteris Volkmanni.** SAUVEUR. — Fragment d'une penne primaire appartenant à la région inférieure de la fronde.
Mines d'Anzin (concession de Raismes), fosse Bleuse-Borne, Dure veine (Nord).

FIG. 3 A. — Pinnule de la région supérieure du même échantillon, grossie deux fois et demie.

FIG. 3 B. — Pinnules basilaires d'une des pennes secondaires du même échantillon, grossies deux fois et demie, montrant la forme allongée de la pinnule inférieure.

FIG. 3 C. — Pinnule de la région inférieure du même échantillon, grossie deux fois et demie.

FIG. 4. — Pinnules basilaires d'une des pennes de l'échantillon de *Pec. dentata*, représenté Pl. XXVII, fig. 1, grossies deux fois et demie et montrant la forme de la pinnule inférieure, bien distincte de celle du *Pec. Volkmanni*.

FIG. 5. — **Pecopteris (Dactylotheca) dentata**, var. *delicatula*. BRONGNIART. — Fragment de fronde.
Mines de Dourges, fosse n° 2, veine n° 5 (Pas-de-Calais).

FIG. 5 A. — Pinnules du même échantillon, grossies deux fois et demie.

PL. XXVIII

Dessiné d'après nature et lith. par C. Cuisin.

Imp. Lemercier & Cie Paris.

PLANCHE XXIX

PLANCHE XXIX

EXPLICATION DES FIGURES

Fig. 1. — **Pecopteris (Dactylotheca) aspera.** Brongniart. — Extrémité d'une penne primaire.
Mines d'Annœullin (Pas-de-Calais).

Fig. 1 A et 1 B. — Pinnules du même échantillon, grossies quatre fois.

Fig. 2. — **Pecopteris (Dactylotheca) aspera.** Brongniart. — Fragment d'une penne primaire.
Mines d'Annœullin (Pas-de-Calais).

Fig. 2 A et 2 B. — Segments du même échantillon, grossis quatre fois.

Fig. 3. — **Pecopteris (Dactylotheca) aspera.** Brongniart. — Fragment d'une penne secondaire.
Mines d'Annœullin (Pas-de-Calais).

Fig. 3 A. — Segment (penne tertiaire) du même échantillon, grossi quatre fois.

Fig. 4. — **Pecopteris Simoni.** Zeiller. — Fragments de pennes.
Mines de Liévin, veine Eugène (Pas-de-Calais).

Fig. 4 A et 4 B. — Pinnules du même échantillon, grossies quatre fois.

PL. XXIX

Dessiné d'ap. nat. et lith. par C. Cuisin.

Imp. Lemercier et Cie Paris.

PLANCHE XXX

PLANCHE XXX

EXPLICATION DES FIGURES

Fig. 1. — **Pecopteris pennæformis.** Brongniart. — Fragment appartenant à la région supérieure d'une fronde.
Mines d'Anzin (Nord).

Fig 1 A. — Portion de penne du même échantillon, vue en dessus, grossie quatre fois.

Fig. 2. — **Pecopteris pennæformis.** Brongniart. — Fragment appartenant à une penne primaire de la région moyenne d'une fronde ou peut-être à la région tout à fait supérieure d'une fronde, non loin du sommet.
Mines de Bully-Grenay, fosse n° 5, veine Sainte-Barbe (Pas-de-Calais).

Fig. 3. —**Pecopteris pennæformis.** Brongniart. — Fragment de fronde fertile, montrant l'extrémité des pennes contractée par la présence de fructifications dont l'état de conservation n'est pas assez parfait pour permettre d'en déterminer la constitution.
Mines de Bully-Grenay, fosse n° 5, veine Sainte-Barbe (Pas-de-Calais).

Fig. 3 A. Pinnules stériles du même échantillon, vues en dessous, grossies quatre fois.

Fig. 4. — **Pecopteris pennæformis.** Brongniart. — Fragment de penne primaire appartenant à la région inférieure d'une fronde.
Mines d'Auchy-au-Bois, fosse n° 1, veine Maréchale (Pas-de-Calais).

Fig 4 A. — Pinnule du même échantillon, grossie quatre fois.

PL. XXX.

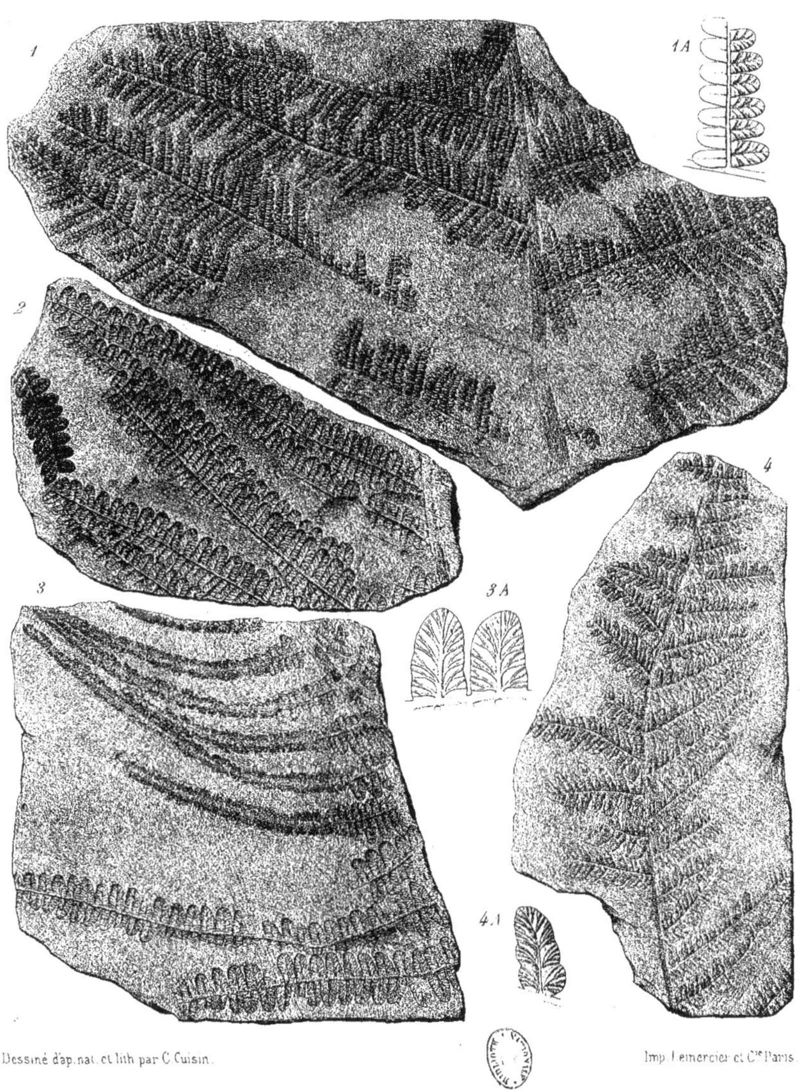

Dessiné d'ap. nat. et lith. par C. Cuisin.

Imp. Lemercier et Cie Paris.

PLANCHE XXXI

PLANCHE XXXI

EXPLICATION DES FIGURES

Fig. 1. — **Alethopteris lonchitica.** Schlotheim (sp.). — Fragment d'une grande plaque présentant une portion du rachis primaire, avec deux pennes primaires consécutives ; la plus basse des deux est très courte, se trouvant à peu de distance au-dessus d'un point de division du rachis ; la penne dont on aperçoit le sommet dans l'angle inférieur à droite était attachée sur le rameau partant de ce point de division.

Mines d'Aniche, fosse Bernicourt, veine Cécile (Nord).

Fig. 1 A. — Pinnule du même échantillon, grossie trois fois.

PL. XXXI.

Dessiné d'ap. nat. et lith. par C. Guisin.

Imp. Lemercier et Cie Paris.

PLANCHE XXXII

PLANCHE XXXII

EXPLICATION DES FIGURES

Fig. 1. — **Alethopteris Davreuxi.** Brongniart (sp.). — Fragment de fronde, montrant la variation des pennes à mesure qu'on approche du sommet.
Mines d'Anzin, fosse Thiers, veine Printanière (Nord).

Fig. 1 A. — Pinnules d'une des pennes inférieures du même échantillon, grossies deux fois et demie.

Fig. 1 B. — Penne secondaire prise vers la base d'une des pennes primaires supérieures du même échantillon, grossie deux fois et demie.

Fig. 1 C. — Pennes secondaires de la région moyenne de la penne primaire supérieure du même échantillon, grossies deux fois et demie.

Dessiné d'ap. nat. et lith par C. Cuisin.

Imp. Lemercier et Cie Paris.

PLANCHE XXXIII

PLANCHE XXXIII

EXPLICATION DES FIGURES

Fig. 1. — **Alethopteris valida.** Boulay. — Portions de pennes primaires appartenant à la région supérieure d'une fronde.
Mines d'Aniche, fosse Bernicourt, veine Cécile (Nord).

Fig. 1 A. — Portion de penne du même échantillon, grossie trois fois.

Fig. 2. — **Alethopteris valida.** Boulay. — Fragment d'une penne primaire.
Mines d'Auchy-au-Bois, fosse n° 3, veine à 270 mètres (Pas-de-Calais)

Fig. 2 A. — Pinnule du même échantillon, grossie trois fois.

PL. XXXIII.

Dessiné d'ap. nat. et lith. par C. Cuisin.

Imp. Lemercier & Cie Paris

PLANCHE XXXIV

PLANCHE XXXIV

EXPLICATION DES FIGURES

FIG. 1. — **Alethopteris valida.** BOULAY. — Fragment appartenant à la partie supérieure d'une fronde.
Mines d'Aniche, fosse Bernicourt, veine Cécile (Nord).

FIG. 1 A. — Portion d'une pinnule d'une des pennes supérieures, grossie trois fois.

FIG. 2. — **Alethopteris decurrens.** ARTIS (sp.), var. *gracillima.* BOULAY (sp.). — Fragments de pennes.
Mines d'Anzin, fosse de Rœulx, veine Jennings (Nord).

FIG. 2 A. — Portion d'une des pinnules du même échantillon, grossie trois fois.

FIG. 3. — **Alethopteris decurrens.** ARTIS (sp.), var. *gracillima.* BOULAY (sp.). — Fragment de penne.
Mines d'Auchy-au-Bois (Pas-de-Calais).

PL. XXXIV.

1

1 A

2 A

2

3

Dessiné d'ap. nat. et lith. par C. Cuisin.

Imp. Lemercier et Cie Paris

PLANCHE XXXV

PLANCHE XXXV

EXPLICATION DES FIGURES

FIG. 1. — **Alethopteris decurrens.** ARTIS (sp.). — Fragment d'une grande plaque portant l'empreinte d'une portion considérable d'une fronde et montrant les modifications que subissent les pennes et les pinnules à mesure qu'on se rapproche du sommet de la fronde ou des pennes primaires.

Mines de Meurchin, fosse n° 1, veine Saint-Michel (Pas-de-Calais).

FIG. 1 A. — Extrémité d'une penne du même échantillon, grossie trois fois.

FIG. 1 B. — Pinnules basiliaires d'une penne du même échantillon, grossies trois fois.

PL. XXXV.

Dessiné d'ap. nat. et lith. par C. Cuisin.

Imp. Lemercier et Cie Paris.

PLANCHE XXXVI

PLANCHE XXXVI

EXPLICATION DES FIGURES

Fig. 1. — **Alethopteris Serli.** Brongniart (sp.). — Fragment d'une penne primaire. Mines de Bully-Grenay, fosse n° 3, veine Désirée (Pas-de-Calais).

Fig. 2. — Pinnule du même échantillon, grossie deux fois.

Fig. 3. — **Alethopteris decurrens.** Artis (sp.). — Fragment d'une penne primaire montrant l'extrémité simplement pinnée, et la partie moyenne bipinnée. Mines de Meurchin, fosse n° 1, veine Saint-Michel (Pas-de-Calais).

Fig. 4. — Pinnule d'une des pennes moyennes et pinnule de la portion supérieure du même échantillon, grossies deux fois.

N.-B. Ces figures ont été dessinées directement sur la pierre sans le secours du miroir, et sont par conséquent inverses des échantillons eux-mêmes.

PL. XXXVI.

2

1

3

4

Dessiné d'apr. nature et lith. par H. Formant.

Imp. Lemercier & Cie Paris.

PLANCHE XXXVII

PLANCHE XXXVII

EXPLICATION DES FIGURES

FIG. 1. — **Alethopteris Serli**. BRONGNIART (sp.). — Fragment d'une grande plaque présentant l'empreinte de la région supérieure d'une fronde, et montrant les modifications que subissent les pennes et les pinnules à mesure qu'on se rapproche du sommet de la fronde ou des pennes primaires.
Mines de Bully-Grenay (Pas-de-Calais).

FIG. 1 A. — Pinnules d'une des pennes inférieures du même échantillon, grossies trois fois.

FIG. 2. — **Alethopteris Serli**. BRONGNIART (sp.). — Extrémité d'une penne primaire appartenant à la région moyenne ou inférieure d'une fronde.
Mines de l'Escarpelle, fosse n° 4, veine Notre-Dame (Nord).

PL. XXXVII.

1

2

1A

Dessiné d'ap. nat. et lith. par C. Cuisin.

Imp. Lemercier et Cie Paris.

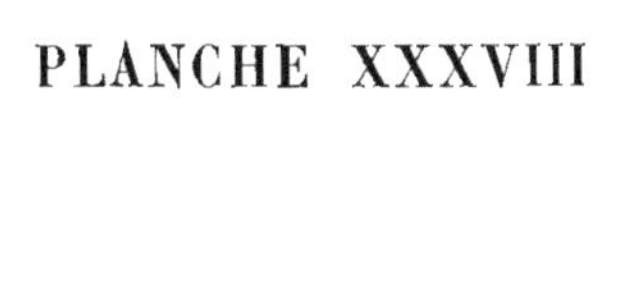

PLANCHE XXXVIII

PLANCHE XXXVIII

EXPLICATION DES FIGURES

Fig. 1. — **Alethopteris Grandini**. Brongniart (sp.). — Fragments de pennes appartenant à la région inférieure d'une fronde.
Mines de Bully-Grenay, veine du Petit-Saint-Jean (Pas-de-Calais).

Fig. 1 A. — Pinnule du même échantillon, grossie trois fois.

Fig. 2. — **Alethopteris Grandini**. Brongniart (sp.). — Fragment de penne primaire appartenant à la région supérieure d'une fronde.
Mines de Bully-Grenay, fosse n° 3, veine n° 3 (Pas-de-Calais).

Fig. 2 A. — Pinnules du même échantillon, grossies trois fois.

Fig. 3. — **Desmopteris elongata**. Presl (sp.). — Fragment d'une penne primaire.
Charbonnages du Levant du Flénu, près Mons, fosse n° 19 (Belgique).

Fig. 3 A. — Portions d'une penne secondaire du même échantillon, grossies trois fois.

Fig. 4. — **Desmopteris elongata**. Presl (sp.). — Fragment d'une penne primaire, montrant deux pennes secondaires attachées au rachis.
Mines de Bruay, fosse n° 3, veine n° 6 (Pas-de-Calais).

Fig. 5. — **Desmopteris elongata**. Presl (sp.). — Fragment d'une penne primaire.
Charbonnages du Levant du Flénu, près Mons, fosse n° 19 (Pas-de-Calais).

Fig. 6. — **Sphenopteris Sternbergi**. Ettingshausen (sp.). — Portion inférieure d'une penne primaire encore attachée au rachis principal.
Mines de Bruay, fosse n° 3, veine n° 6 (Pas-de-Calais).

Fig. 6 A et 6 B. — Portions de pennes secondaires du même échantillon, grossies quatre fois.

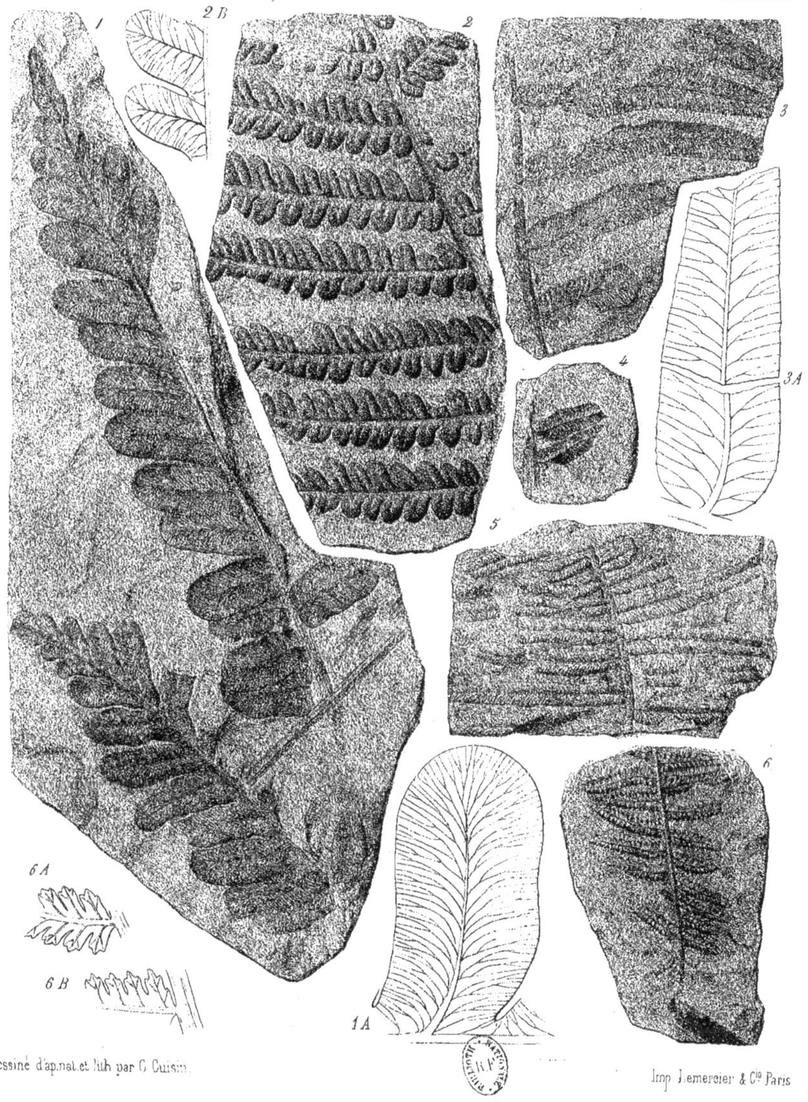

Dessiné d'ap.nat.et lith par C. Cuisin.

Imp. Lemercier & Cie Paris

PLANCHE XXXIX

PLANCHE XXXIX

EXPLICATION DES FIGURES

FIG. 1. — **Lonchopteris eschweileriana**. ANDRÆ. — Fragments de pennes.
Mines d'Anzin (concession de Vieux-Condé), fosse Chabaud-Latour, veine Philippine (Nord).

FIG. 1 A. — Pinnule du même échantillon, grossie trois fois.

FIG. 2. — **Lonchopteris rugosa**. BRONGNIART. — Fragments de pennes secondaires.
Mines de Meurchin, veine Saint-Alexandre (Pas-de-Calais).

FIG. 2 A. — Pinnule du même échantillon, grossie trois fois.

FIG. 3. — **Lonchopteris rugosa**. BRONGNIART. — Fragment d'une penne secondaire.
Mines de Meurchin, veine Saint-Charles (Pas-de-Calais).

FIG. 4. — **Lonchopteris Bricei**. BRONGNIART. — Portion supérieure d'une penne primaire et fragment d'une penne secondaire.
Charbonnages du Grand-Buisson, près Mons (Belgique).

FIG. 4 A. — Pinnule du même échantillon, grossie trois fois.

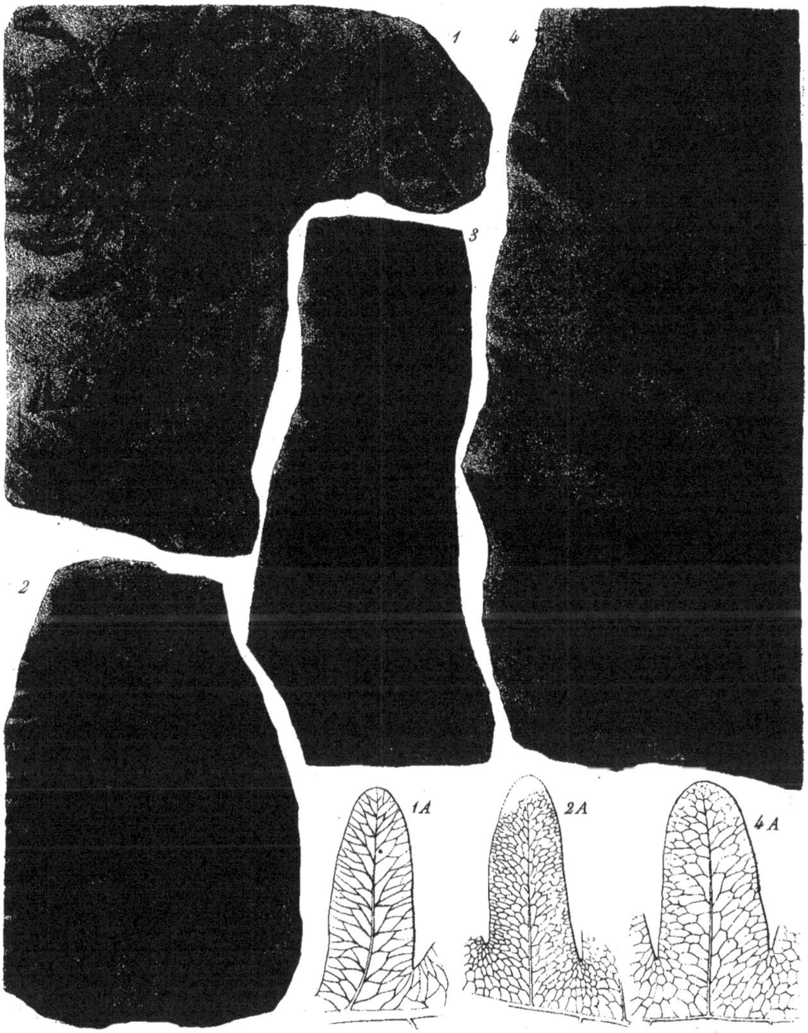

PL. XXXIX.

1 4 3 2 1A 2A 4A

Dessiné d'ap. nat. et lith. par C. Guisin.

Imp. Lemercier et Cie Paris.

PLANCHE XL

PLANCHE XL

EXPLICATION DES FIGURES

Fig. 1. — **Lonchopteris Bricei.** Brongniart. — Fragment d'une grande plaque présentant l'empreinte de la région terminale d'une fronde et montrant les modifications que subissent les pennes secondaires à mesure qu'on approche du sommet de la fronde ou des pennes primaires. Entre les deux pennes inférieures à gauche, on voit l'empreinte d'une graine de gymnosperme, *Trigonocarpus Nœggerathi.* Sternberg (sp.).
Charbonnages du Grand-Buisson, près Mons (Belgique).

Fig. 2. — **Lonchopteris Bricei.** Brongniart. — Extrémité d'une penne primaire, dessinée au trait seulement (grandeur naturelle) pour montrer la nervation.
Charbonnages du Grand-Buisson, près Mons (Belgique).

PL. XL.

Dessiné d'apr. nat. et lith. par C. Cuisin.

Imp. Lemercier et Cie Paris.

PLANCHE XLI

PLANCHE XLI

EXPLICATION DES FIGURES

FIG. 1. — **Nevropteris Scheuchzeri.** HOFFMANN. — Fragment d'une penne primaire montrant le rachis garni, entre les pennes secondaires, de pinnules semblables à celles de ces pennes.
Mines de Dudweiler, près Saarbrück (Prusse rhénane).

FIG. 1 A. — Pinnules du même échantillon, grossies deux fois et demie, montrant la nervation et les poils qui hérissent la surface.

FIG. 2. — **Nevropteris Scheuchzeri.** HOFFMANN. — Pinnule détachée.
Mines de Bully-Grenay, fosse n° 2, veine Saint-Augustin (Pas-de-Calais).

FIG. 3. — **Nevropteris Scheuchzeri.** HOFFMANN. — Extrémité d'une penne secondaire.
Mines de Bully-Grenay, fosse n° 2, veine Saint-Augustin (Pas-de-Calais).

FIG. 4. — **Nevropteris acuminata.** SCHLOTHEIM (sp.). — Fragments de pennes.
Mines d'Anzin, fosse Thiers, veine Printanière (Nord).

FIG. 4 A. — Pinnules du même échantillon, grossies deux fois et demie.

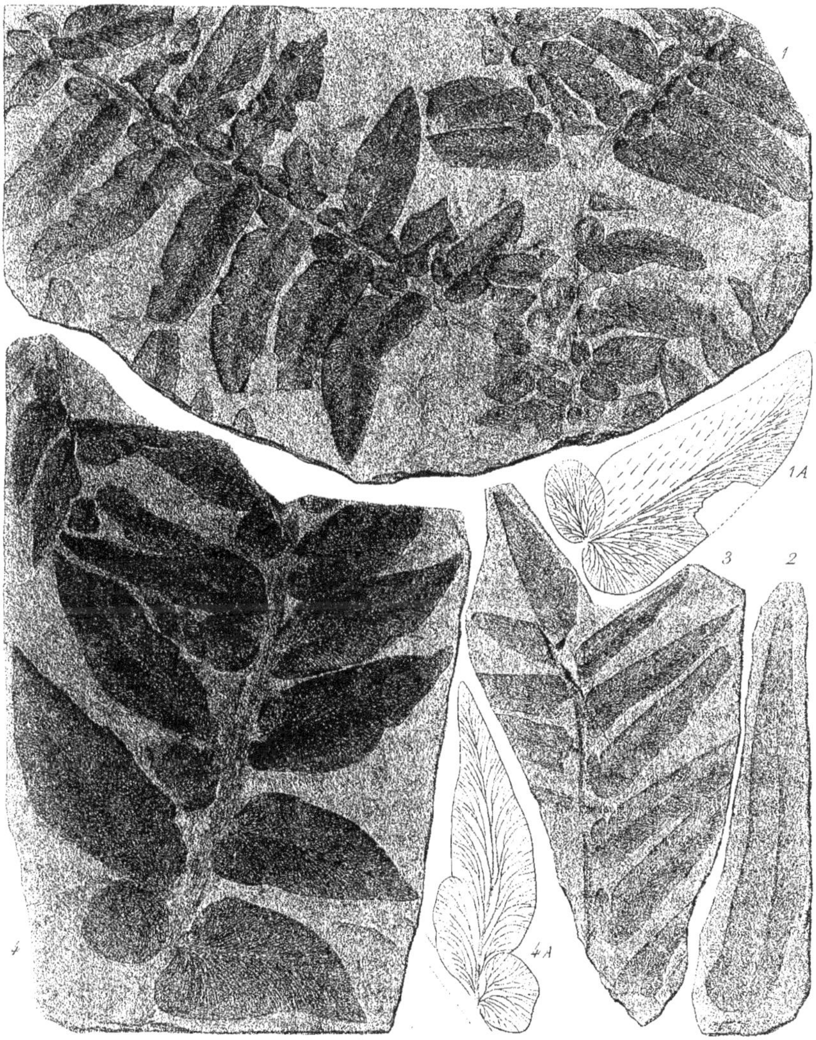

Pl. XLI.

1

1A

3

2

4

4A

Dessiné d'ap. nat. et lith. par C. Cuisin

Imp. Lemercier et Cie Paris.

PLANCHE XLII

PLANCHE XLII

EXPLICATION DES FIGURES

Fig. 1. — **Nevropteris gigantea.** Sternberg. — Fragment d'une grande plaque présentant l'empreinte de trois pennes primaires bipinnées, à rachis garni, entre les pennes secondaires, de pinnules cycloptéroïdes. Le dessin ne montre qu'une de ces pennes primaires, et, vers le bas, le sommet des pennes secondaires d'une des deux autres.

Mines de Nœux, fosse n° 2, veine Saint-Augustin (Pas-de-Calais).

Fig. 1 A. — Pinnule du même échantillon, grossie quatre fois, montrant quelques anastomoses accidentelles entre les nervures.

1 A 1

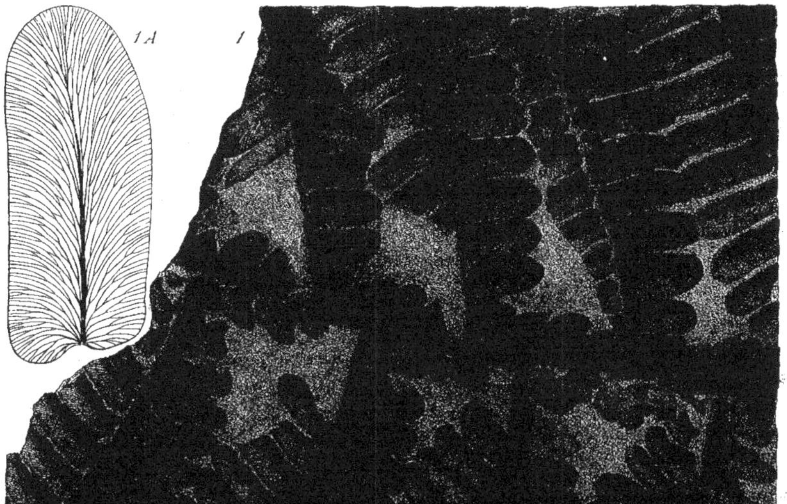

Dessiné d'ap. nat. et lith. par C. Cuisin.

Imp. Lemercier et Cie Paris.

PLANCHE XLIII

PLANCHE XLIII

EXPLICATION DES FIGURES

Fig. 1. — **Nevropteris heterophylla.** Brongniart. — Fragment d'une grande plaque présentant l'empreinte de l'extrémité d'une fronde, sur laquelle on voit les pennes primaires supérieures simplement pinnées, garnies de grandes pinnules, et les pennes primaires inférieures bipinnées, garnies de pinnules beaucoup plus petites.

Mines de Meurchin, fosse n° 1, veine Saint-Louis (Pas-de-Calais).

Fig. 2. — **Nevropteris heterophylla.** Brongniart. — Pinnule d'un autre échantillon, grossie deux fois et demie, montrant le détail de la nervation.

Mines de Meurchin, veine Saint-Alexandre (Pas-de-Calais).

N.-B. La figure 1 a été dessinée directement sur la pierre, sans le secours du miroir; elle est par conséquent inverse de l'échantillon lui-même.

Pl. XLIII.

Dessiné d'ap. nat. et lith. par H. Formant

Imp. Lemercier et Cie, Paris

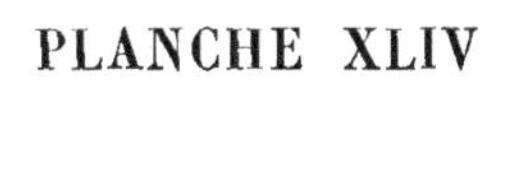

PLANCHE XLIV

PLANCHE XLIV

EXPLICATION DES FIGURES

Fig. 1. — **Nevropteris heterophylla.** Brongniart. — Fragment d'une grande plaque présentant l'empreinte d'une portion de fronde voisine d'un point de division du rachis, et composée, d'un côté, de pennes simplement pinnées, de l'autre, de pennes bipinnées ; la plus inférieure de celles-ci est elle-même simplement pinnée à la base, puis bipinnée; entre ces pennes bipinnées le rachis porte, en outre, de petites pennes simplement pinnées.

Mines d'Anzin (concession de Vieux-Condé), fosse Chabaud-Latour (Nord).

Fig. 1 A, 1 B et 1 C. — Pinnules du même échantillon, grossies deux fois et demie.

PL. XLIV.

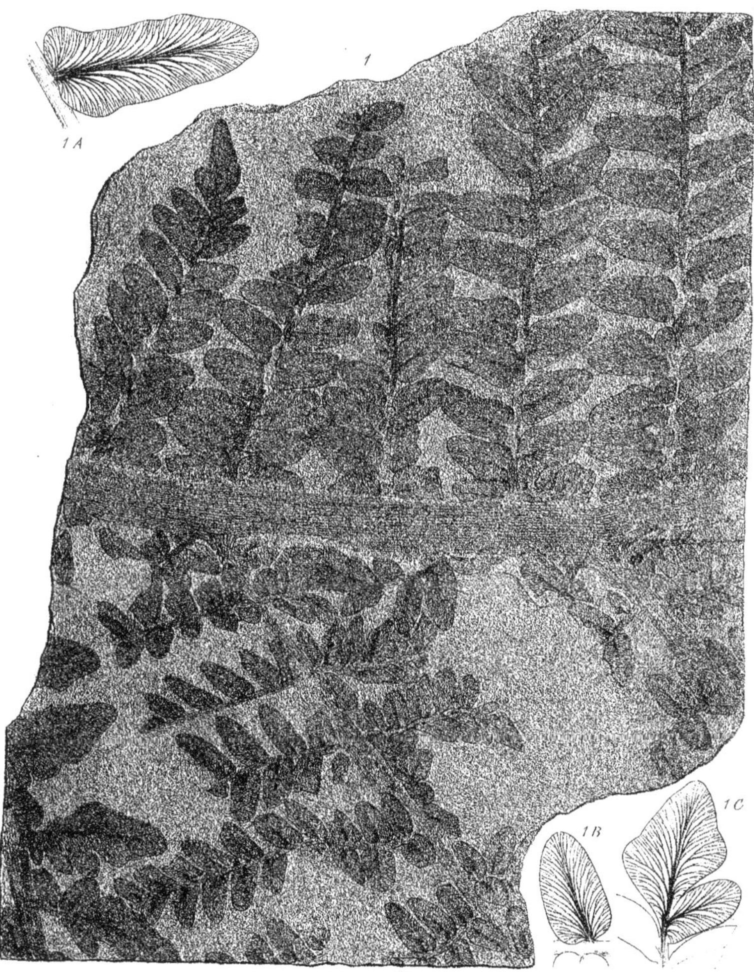

Dessiné d'ap. nat. et lith. par C. Cuisin.

Imp. Lemercier et Cie Paris.

PLANCHE XLV

PLANCHE XLV

EXPLICATION DES FIGURES

Fig. 1. — **Nevropteris rarinervis.** Bunbury. — Fragment de fronde portant, d'un côté, des pennes simplement pinnées, de l'autre, des pennes bipinnées, au moins du côté inférieur ; entre celles-ci le rachis porte, en outre, de petites pennes simplement pinnées, remplacées plus haut par des pinnules cycloptéroïdes.

Mines de Bully-Grenay, fosse n° 3, veine Madeleine (Pas-de-Calais).

Fig. 1 A. — Pinnule du même échantillon, grossie deux fois et demie.

Fig. 2. — **Nevropteris rarinervis.** Bunbury. — Fragment de fronde portant, sur une des branches du rachis, une penne bipinnée, et sur l'autre une grande foliole cycloptéroïde.

Mines de Lens, fosse n° 1, veine Céline (Pas-de-Calais).

Fig. 3. — **Nevropteris rarinervis.** Bunbury. — Portion supérieure d'une penne.

Mines de Lens, fosse n° 1, veine Céline (Pas-de-Calais).

Fig. 3 A. — Portion de penne du même échantillon, grossie deux fois et demie.

Fig. 4. — **Nevropteris rarinervis.** Bunbury. — Fragment de penne appartenant à la région inférieure d'une fronde.

Mines de Bully-Grenay (Pas-de-Calais).

Fig. 4 A. — Pinnule du même échantillon, grossie deux fois et demie.

PL. XLV.

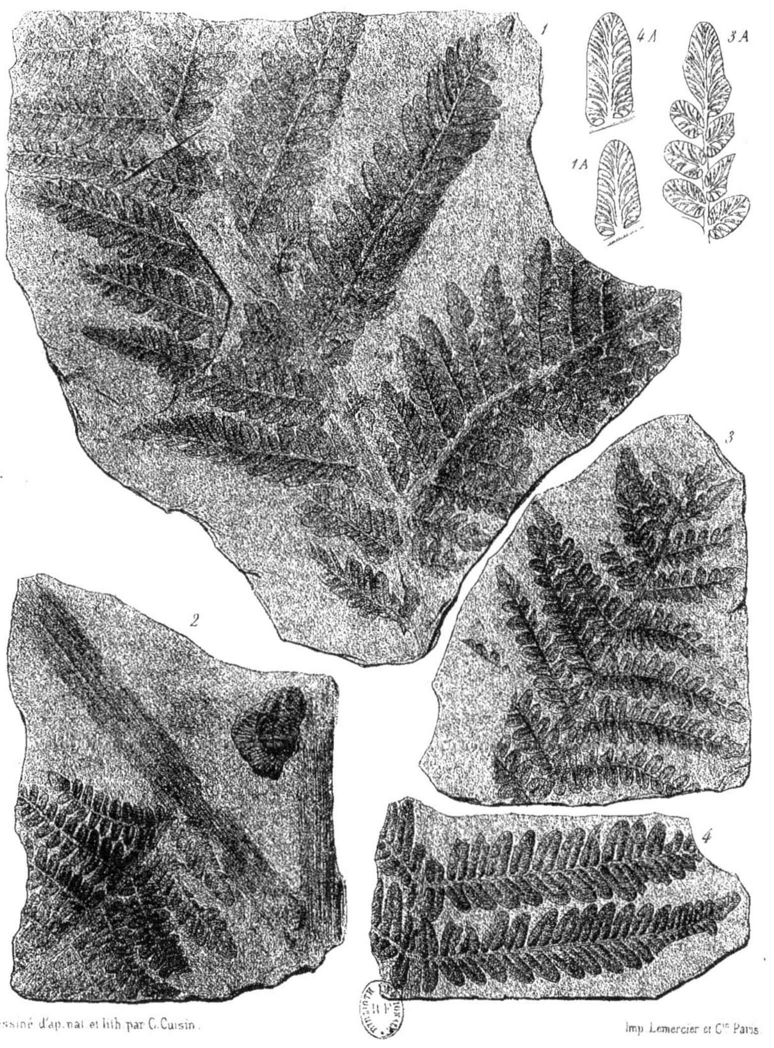

Dessiné d'ap. nat. et lith. par C. Cuisin.

Imp. Lemercier et Cie Paris.

PLANCHE XLVI

PLANCHE XLVI

EXPLICATION DES FIGURES

FIG. 1. — **Nevropteris tenuifolia.** SCHLOTHEIM (sp.). — Fragment de fronde.
Mines d'Anzin, fosse Saint-Louis, veine Boulangère (Nord).

FIG. 1 A et 1 B. — Pinnules du même échantillon, grossies deux fois et demie.

FIG. 2. — **Nevropteris flexuosa.** STERNBERG. — Fragment de penne.
Mines d'Anzin (concession de Raismes), fosse Bleuse-Borne (Nord).

FIG. 2 A. — Pinnule du même échantillon, grossie deux fois et demie.

FIG. 3. — **Nevropteris Schlehani.** STUR. — Fragment de penne.
Mines d'Anzin (concession de Vieux-Condé ?) (Nord).

FIG. 3 A et 3 B. — Portions de pennes du même échantillon, grossies deux fois et demie.

PL. XLVI

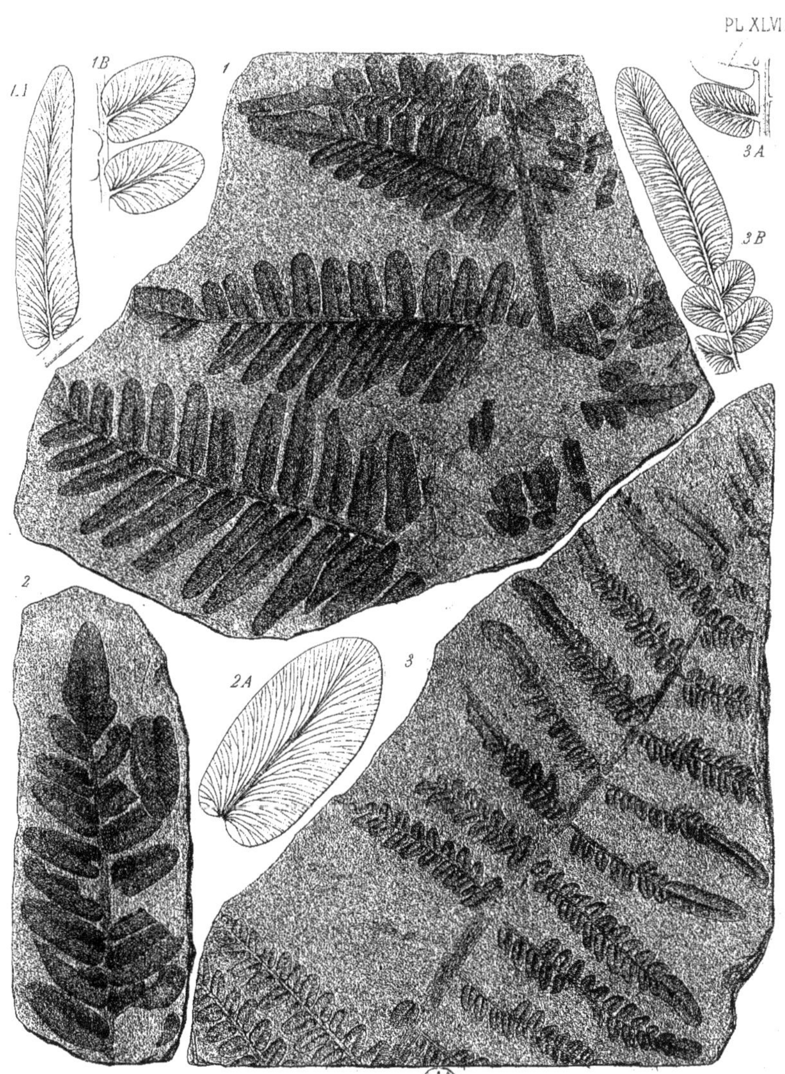

Dessiné d'ap. nat. et lith. par C. Cuisin.

Imp. Lemercier et Cie Paris

PLANCHE XLVII

PLANCHE XLVII

EXPLICATION DES FIGURES

Fig. 1. — **Nevropteris Schlehani.** Stur. — Portion supérieure d'une penne primaire.
Mines de Ferfay, fosse n° 3, veine Marsy (Pas-de-Calais).

Fig. 1 A. — Pinnule du même échantillon, grossie deux fois et demie.

Fig. 2. — **Nevropteris Schlehani.** Stur. — Fragment d'une penne secondaire provenant de la région inférieure d'une penne primaire.
Mines de Ferfay, fosse n° 3, veine Marsy (Pas-de-Calais).

Fig. 2 A. — Pinnule du même échantillon, grossie deux fois et demie.

Fig. 3. — **Cyclopteris orbicularis.** Brongniart. — Fragment d'une grande foliole stipale.
Mines de Nœux (Pas-de-Calais).

Fig. 4. — **Cyclopteris orbicularis.** Brongniart. — Fragment d'une foliole stipale montrant sa base d'insertion.
Mines de Dourges, veine n° 5 (Pas-de-Calais).

Fig. 5. — **Cyclopteris orbicularis.** Brongniart. — Fragments de deux folioles stipales encore attachées sur le rachis.
Mines de Bully-Grenay, fosse n° 1, veine Saint-Constant (Pas-de-Calais).

Pl. XLVII.

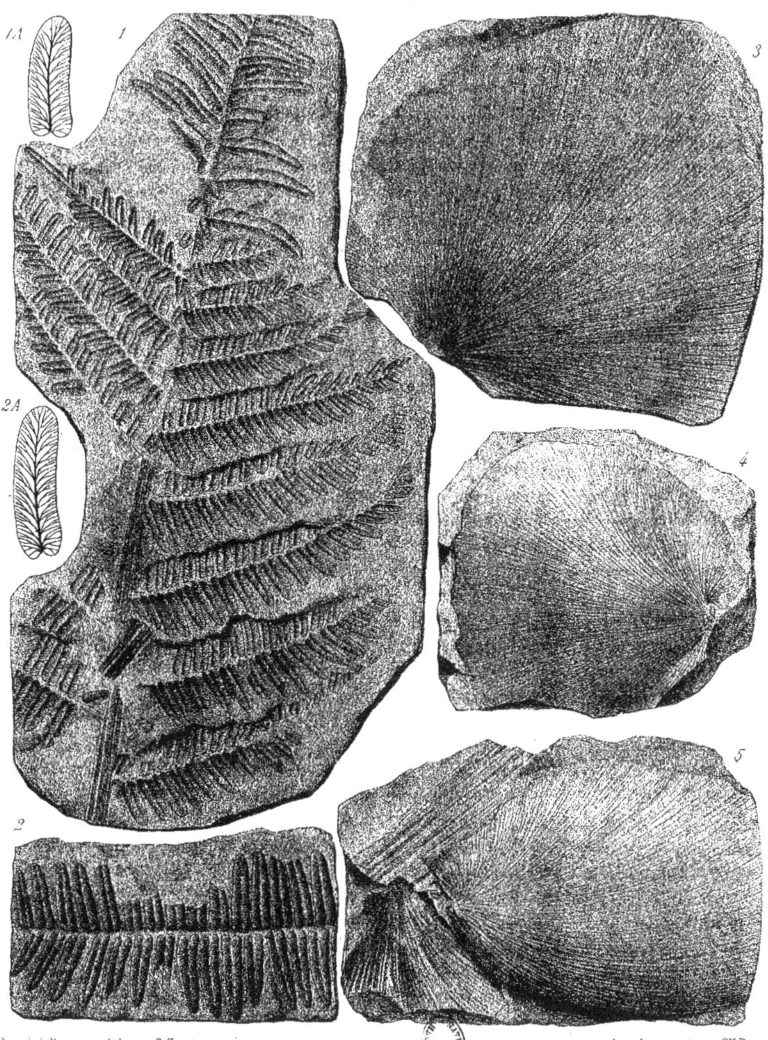

Dessiné d'ap nat et lith. par C. Cuisin. Imp. Lemercier et Cie Paris.

PLANCHE XLVIII

PLANCHE XLVIII

EXPLICATION DES FIGURES

Fig. 1. — **Nevropteris obliqua.** Brongniart (sp.). — Fragment d'une grande plaque présentant l'empreinte d'une portion considérable d'une penne primaire.
Mines de Ferfay, fosse n° 2, veine Présidente (Pas-de-Calais).

Fig. 1 A. — Pinnules de la région moyenne du même échantillon, grossies trois fois.

Fig. 1 B. — Pinnules de la région inférieure du même échantillon, grossies trois fois.

Fig. 2. — **Nevropteris obliqua.** Brongniart (sp.). — Fragment de penne.
Mines de Vicoigne, veine Sainte-Barbe (Nord).

Fig. 3. — **Nevropteris obliqua.** Brongniart (sp.)? — Fragment d'une grande foliole cycloptéroïde appartenant *probablement* à cette espèce.
Mines d'Auchy-au-Bois, fosse n° 2 (Pas-de-Calais).

Fig. 4. — **Nevropteris obliqua.** Brongniart (sp.). — Fragment de penne.
Mines de Carvin, fosse n° 3, veine n° 3 (Pas-de-Calais).

Fig. 4 A. — Pinnules du même échantillon, grossies trois fois.

Fig. 5. — **Nevropteris obliqua.** Brongniart (sp.). — Fragment d'une penne secondaire.
Mines de Ferfay, fosse n° 3, veine Marsy (Pas-de-Calais).

Fig. 6. — **Nevropteris obliqua.** Brongniart (sp.). — Fragment d'une penne secondaire.
Mines de Ferfay, fosse n° 3, veine Marsy (Pas-de-Calais).

Fig. 6 A. — Pinnule du même échantillon, grossie trois fois.

Fig. 7. — **Nevropteris obliqua.** Brongniart (sp.). — Fragment d'une penne secondaire.
Mines d'Anzin (concession de Vieux-Condé), fosse Léonard, veine Douze-Paumes (Nord).

Fig. 7 A. — Pinnule du même échantillon, grossie trois fois.

PL. XLVIII.

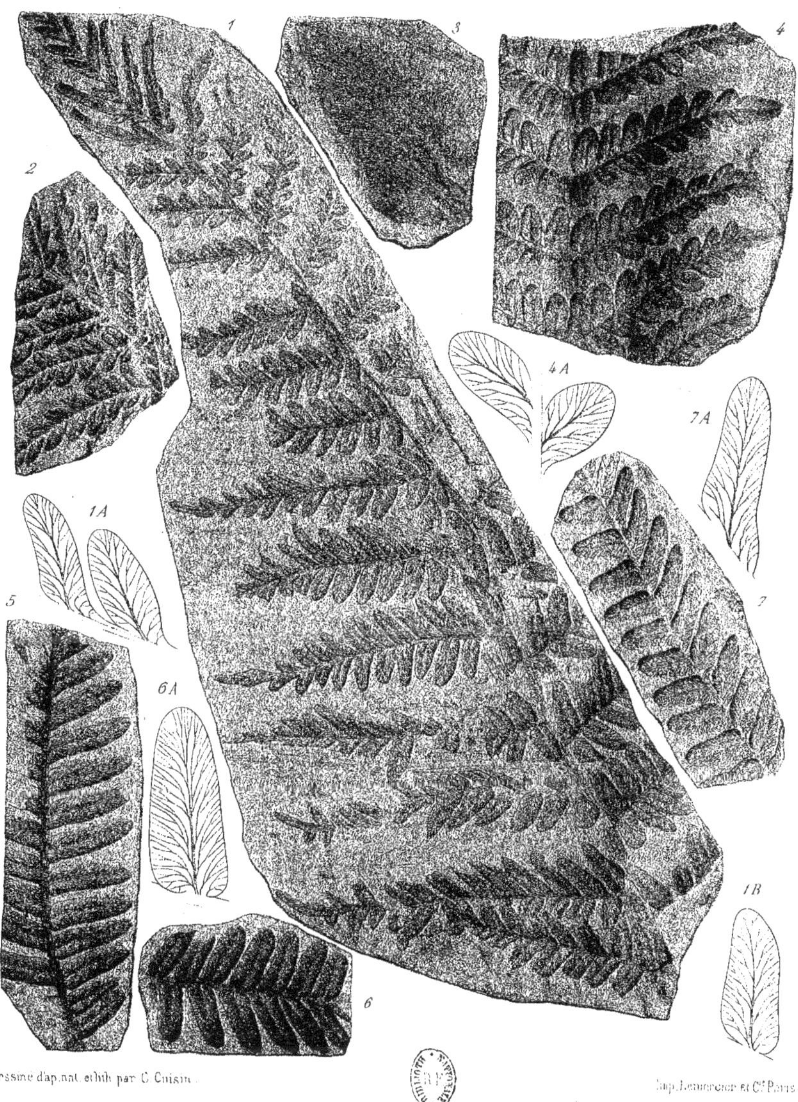

Dessiné d'ap. nat. et lith. par C. Cuisin.

Imp. Lemercier et Cie Paris

PLANCHE XLIX

PLANCHE XLIX

EXPLICATION DES FIGURES

Fig. 1. — **Dictyopteris Münsteri**. Eichwald (sp.). — Fragment de fronde.
Mines de Lens, fosse n° 1, veine Ernestine (Pas-de-Calais).

Fig. 2. — **Dictyopteris Münsteri**. Eichwald (sp.). — Fragment de penne.
Bassin houiller du Donetz (Russie).

Fig. 2 A. — Pinnule du même échantillon, grossie quatre fois.

Fig. 3. — **Dictyopteris Münsteri**. Eichwald (sp.). — Fragment de penne.
Mines de Bully-Grenay (Pas-de-Calais).

Fig. 4. — **Dictyopteris Münsteri**. Eichwald (sp.). — Foliole cycloptéroïde.
Mines de Marles, fosse n° 3, veine Louisa (Pas-de-Calais).

Fig. 5. — **Dictyopteris Münsteri**. Eichwald (sp.). — Portion supérieure d'une penne primaire, ou peut-être d'une fronde.
Mines de Bully-Grenay (Pas-de-Calais).

Fig. 5 A. — Pinnule du même échantillon, grossie quatre fois.

Fig. 6. — **Dictyopteris sub-Brongniarti**. Grand'Eury. — Extrémité d'une penne, montrant la pinnule terminale, plus petite que les autres.
Mines de Lens, veine Émélie (Pas-de-Calais).

PL. XLIX.

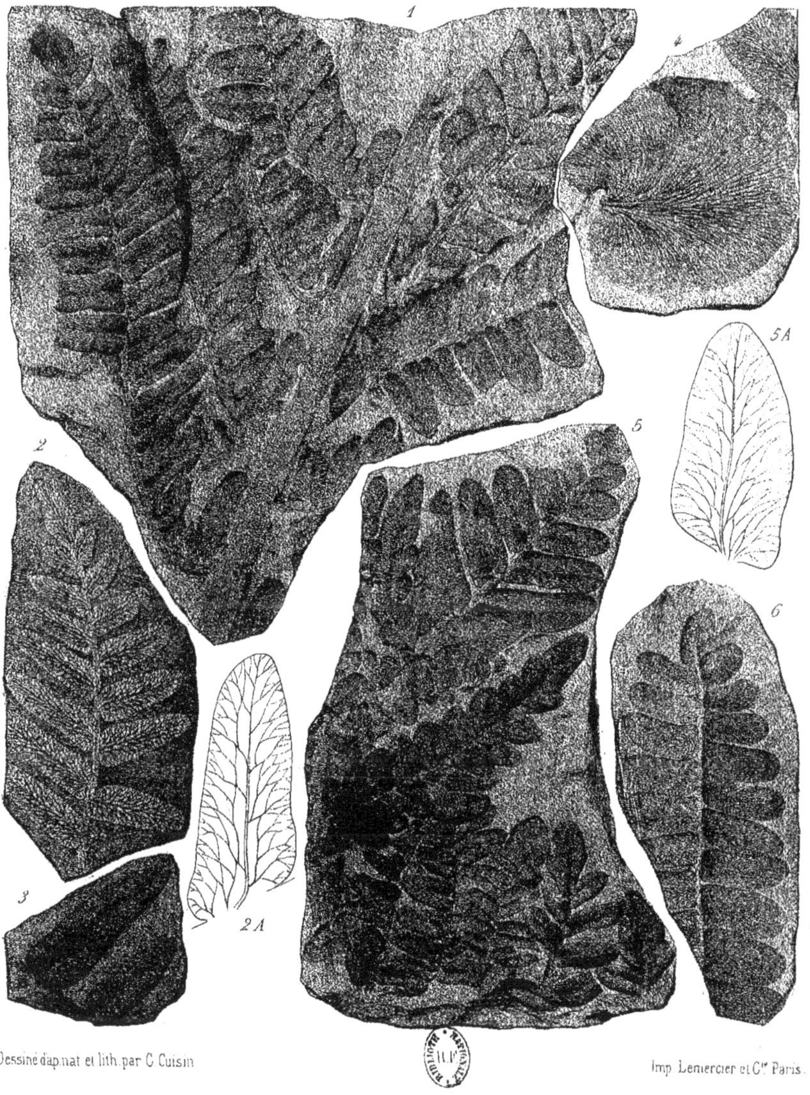

Dessiné d'ap. nat. et lith. par C. Cuisin

Imp. Lemercier et Cie Paris.

PLANCHE L

PLANCHE L

EXPLICATION DES FIGURES

Fig. 1. — **Dictyopteris sub-Brongniarti.** Grand'Eury. — Fragment de fronde montrant le rachis garni, entre les pennes, de pinnules orbiculaires ou triangulaires.

Mines de Lens, fosse n° 2, veine du Souich (Pas-de-Calais).

Fig. 2. — **Dictyopteris sub-Brongniarti.** Grand'Eury. — Pinnule isolée, grossie quatre fois.

Mines de Lens, fosse n° 4, veine Théodore (Pas de-Calais).

Fig. 3. — **Lonchopteris rugosa.** Brongniart. — Fragment de penne montrant à la base une pinnule lobée.

Mines d'Aniche (Nord).

Fig. 4. — Pinnules du même échantillon, grossies deux fois.

Pl. L.

Imp. Lemercier & Cie Paris

PLANCHE LI

PLANCHE LI

EXPLICATION DES FIGURES

Fig. 1. — **Aphlebia crispa.** Gutbier (sp.). — Portions de frondes.
Mines de Nœux, fosse n° 1, veine Saint-Augustin (Pas-de-Calais).

Fig. 2. — **Aphlebia crispa.** Gutbier (sp.). — Fragment de fronde.
Charbonnages du Levant du Flénu, près Mons, fosse n° 19 (Belgique).

2

Dessiné d'ap. nat. et lith. par C. Cuisin.

Imp. Lemercier et Cie Paris

PLANCHE LII

PLANCHE LII

EXPLICATION DES FIGURES

Fig. 1. — **Megaphyton approximatum.** Lindley et Hutton. — Fragment de tronc montrant les cicatrices pétiolaires extérieures. (Cet échantillon a été représenté le bas en haut ; il doit être orienté en sens inverse)
Mines de Bully-Grenay, fosse n° 7, veine Saint-Georges (Pas-de-Calais).

Fig. 2. — **Megaphyton frondosum.** Artis. — Fragment de l'empreinte laissée probablement par l'anneau de sclérenchyme placé à l'intérieur de l'écorce externe, plutôt que par l'écorce elle-même; vers le bas de la figure, à gauche, on voit une lame charbonneuse représentant cet anneau sclérenchymateux et portant çà et là des cicatricules arrondies qui marquent la naissance des racines adventives.
Mines de Nœux, fosse n° 3, veine Sainte-Barbe (Pas-de-Calais).

Fig. 3. — **Spiropteris.** Schimper. — Empreintes de pennes de fougères en vernation, encore partiellement enroulées en crosse, appartenant peut-être au *Pecopteris* (*Asterotheca*) *abbreviata*. Brongniart.
Mines de Bully-Grenay, veine Saint-Alexis (Pas-de-Calais).

PL. LII.

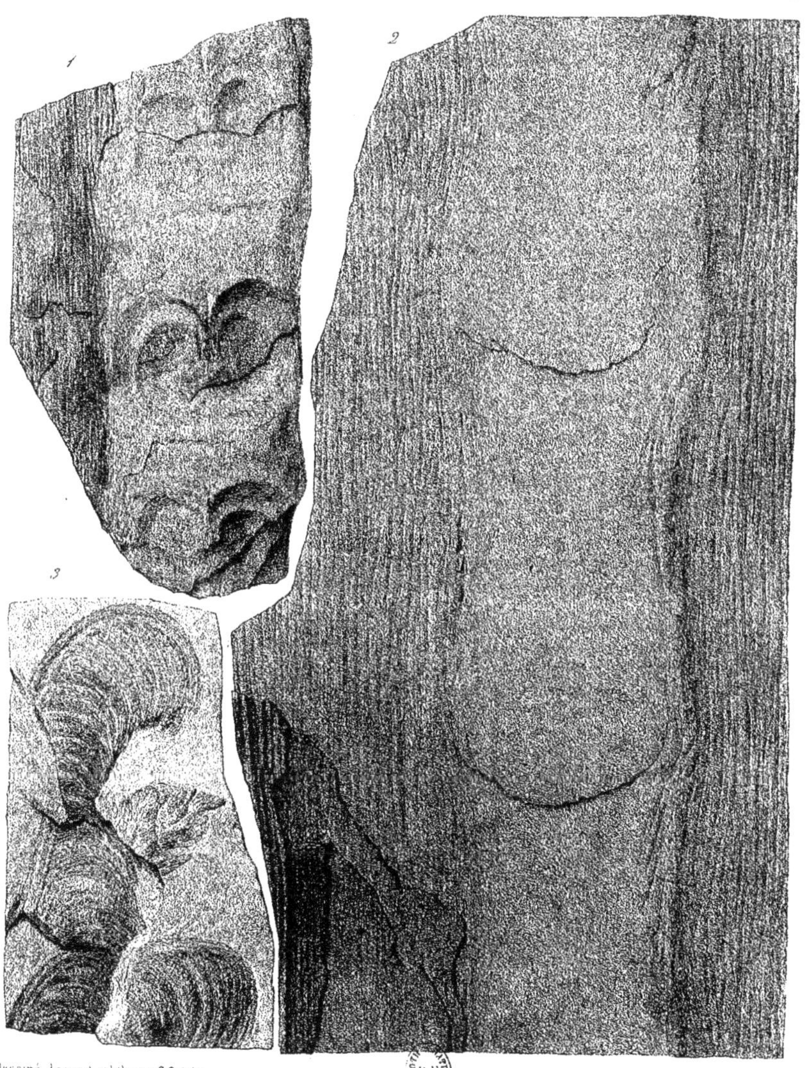

Dessiné d'ap. nat. et lith. par C. Cuisin.

Imp. Lemercier et Cie Paris

PLANCHE LIII

14

PLANCHE LIII

EXPLICATION DES FIGURES

Fig. 1. — **Megaphyton Souichi.** Zeiller. — Fragment de l'empreinte laissée probablement par l'anneau de sclérenchyme placé à l'intérieur de l'écorce externe plutôt que par l'écorce elle-même, et montrant les cicatrices correspondant au passage de deux faisceaux foliaires; sur les bords on voit les cicatricules correspondant aux racines adventives.

Mines d'Anzin, fosse Chaufour, moyenne veine (Nord).

Fig. 2. — **Megaphyton giganteum.** Goldenberg. — Fragment de l'empreinte laissée probablement par l'anneau de sclérenchyme placé à l'intérieur de l'écorce plutôt que par l'écorce elle-même, et montrant les cicatrices correspondant à quatre faisceaux foliaires.

Mines d'Anzin, fosse Chaufour, veine Boulangère (Nord).

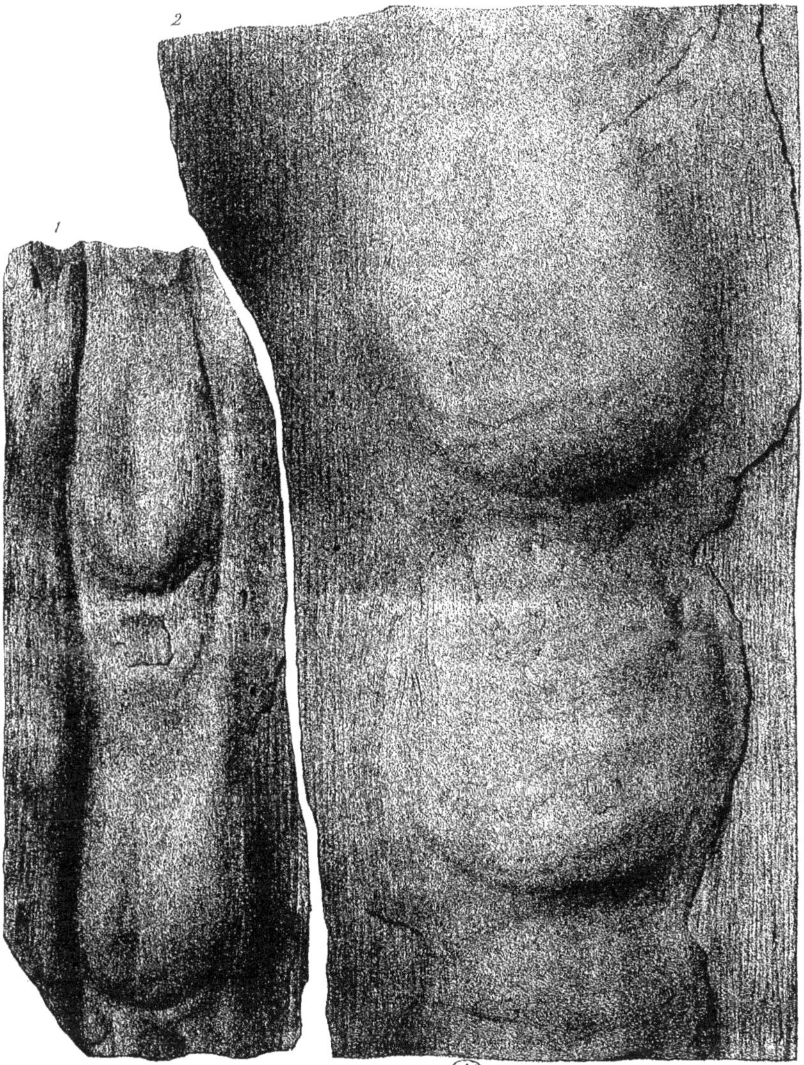

2

1

Dessiné d'ap. nat. et lith. par C. Cousin.

Imp. Lemercier et Cie Paris

PLANCHE LIV

PLANCHE LIV

EXPLICATION DES FIGURES

Fig. 1. — **Calamites undulatus**. Sternberg. — Empreinte d'un fragment de tige portant à l'articulation inférieure quatre cicatrices raméales.

Mines de Meurchin (Pas-de-Calais).

Fig. 2. — **Calamites Suckowi**. Brongniart. — Partie inférieure d'une tige couchée à la base, puis se redressant peu à peu verticalement.

Mines de Bully-Grenay, passée de Noireux au-dessous de la veine Saint-Alexis (Pas-de-Calais).

Fig. 2 A. — Portion du même échantillon, grossie sept fois, montrant les stries longitudinales des côtes.

Fig. 3. — **Calamites Suckowi**. Brongniart. — Fragment de tige entouré d'un verticille de racines, qui partaient probablement de l'articulation placée immédiatement au-dessus du point où l'échantillon est rompu ; la tige, ou plutôt l'empreinte de celle-ci, n'est visible, pour la plus grande partie, que sur la face postérieure de l'échantillon ; aussi est-elle représentée en traits ponctués.

Mines de Liévin, fosse n° 3 (Pas-de-Calais).

Fig. 4. — **Calamites undulatus**. Sternberg. — Portion de tige montrant les stries longitudinales des côtes moins serrées que dans le *Calamites Suckowi*, et les lignes transversales qui forment avec elles un réseau à mailles rectangulaires.

Mines d'Anzin, fosse Thiers, troisième veine du sud (Nord).

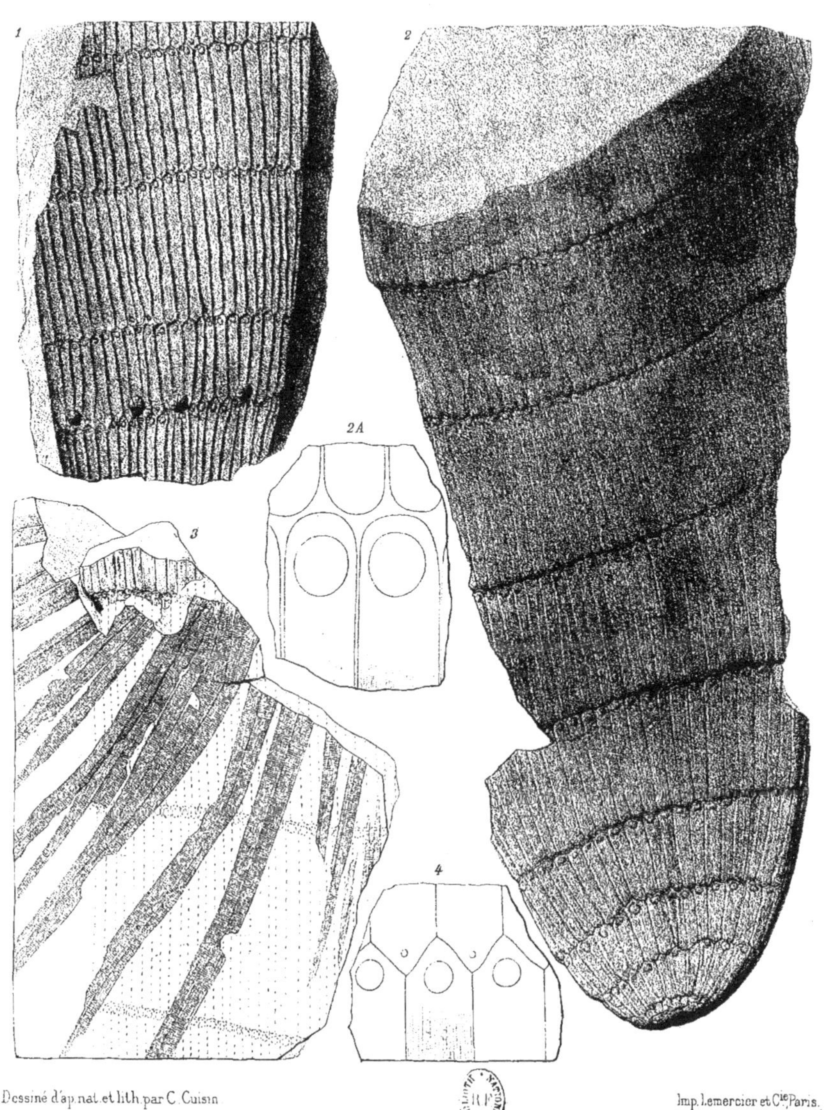

Dessiné d'ap. nat. et lith. par C. Cuisin

Imp. Lemercier et Cie, Paris.

PLANCHE LV

PLANCHE LV

EXPLICATION DES FIGURES

Fig. 1. — **Calamites Suckowi.** Brongniart. — Partie inférieure d'une tige émettant, à ses articulations, trois rameaux ou plus exactement trois tiges secondaires.

Mines de l'Escarpelle, fosse n° 4, veine n° 3 (Nord).

Fig. 2. — **Calamites (Calamodendron) cruciatus.** Sternberg. — Empreinte de la face interne de l'écorce d'une tige montrant deux articulations avec les points d'insertion des rameaux.

Mines de Bully-Grenay, fosse n° 6, passée au-dessous de la grande veine (Pas-de-Calais).

Fig. 3. — **Calamites ramosus.** Artis. — Fragment de tige portant un rameau encore attaché. Sur la même plaque, on voit des verticilles de feuilles de l'*Annularia radiata.*

Mines d'Hardinghen (Pas-de-Calais).

Fig. 4. — **Calamites (Calamodendron) Schützei.** Stur. — Fragment de tige montrant le moulage de l'étui médullaire encore recouvert d'une lame charbonneuse assez épaisse ; sur la troisième articulation en partant du bas, on distingue quatre cicatrices raméales. (Cet échantillon a été représenté le bas en haut; il doit être orienté en sens inverse.)

Mines de Marles, fosse Sainte-Abel, veine Marie (Pas-de-Calais).

Pl. LV.

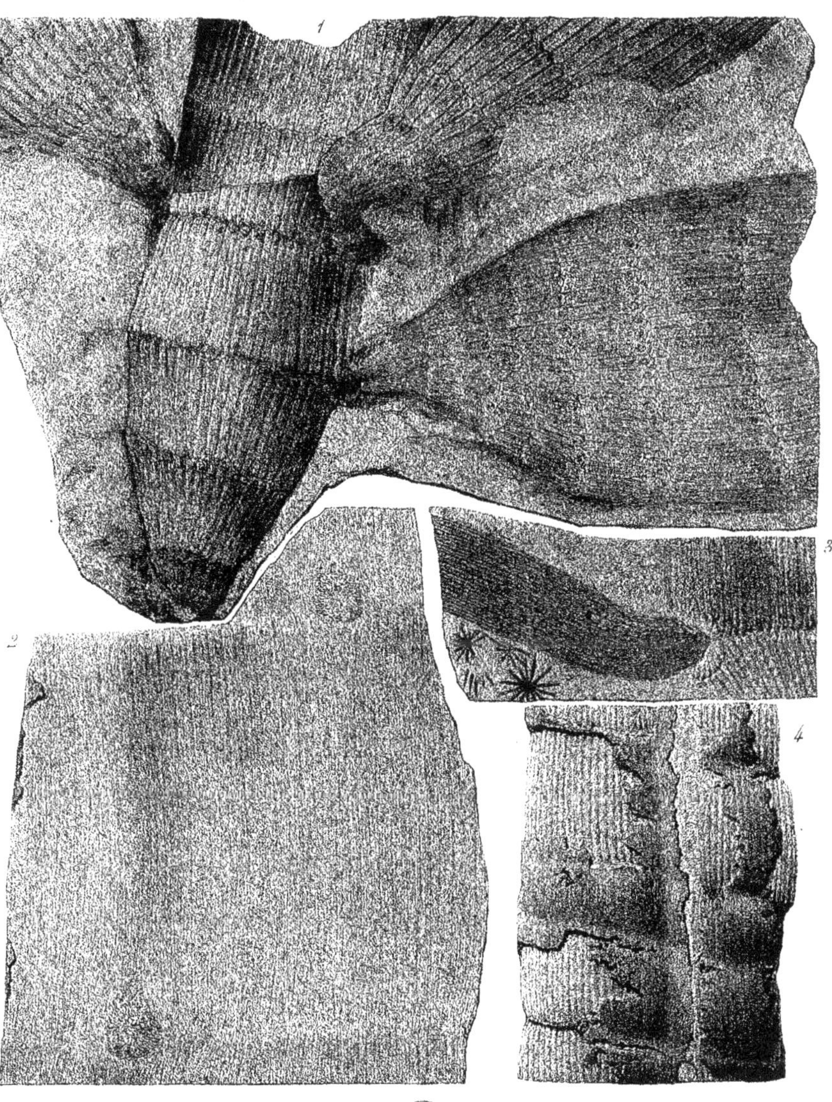

...ssiné d'ap. nat. et lith. par C. Guisie

Imp. Lemercier et Cie Paris

PLANCHE LVI

PLANCHE LVI

EXPLICATION DES FIGURES

Fig. 1. — **Calamites Cisti.** Brongniart. — Fragment de tige.
Charbonnage des Produits, fosse n° 23 (Belgique).

Fig. 1 A. — Portion du même échantillon, grossie sept fois, montrant les stries longitudinales qui occupent les sillons placés entre les côtes, sur l'écorce charbonneuse, et celles dont sont marquées les côtes elles-mêmes sur le moule interne.

Fig. 2. — **Calamites Cisti.** Brongniart. — Empreinte d'un fragment de tige.
Mines de Bully-Grenay, fosse n° 5, veine Saint-Joseph (Pas-de-Calais).

Fig. 3. — **Calamites ramosus.** Artis. — Fragment de tige montrant une cicatrice raméale : par derrière se trouve une cicatrice semblable, diamétralement opposée à la première ; au sommet de l'échantillon, on remarque sur les côtes les tubercules contigus à une articulation.
Mines de Lens, fosse n° 1, nouvelle veine du nord (Pas-de-Calais).

Fig. 4. — **Equisetites Bretoni.** Zeiller. — Fragment d'une gaine foliaire.
Mines de Dourges, veine n° 5 (Pas-de-Calais).

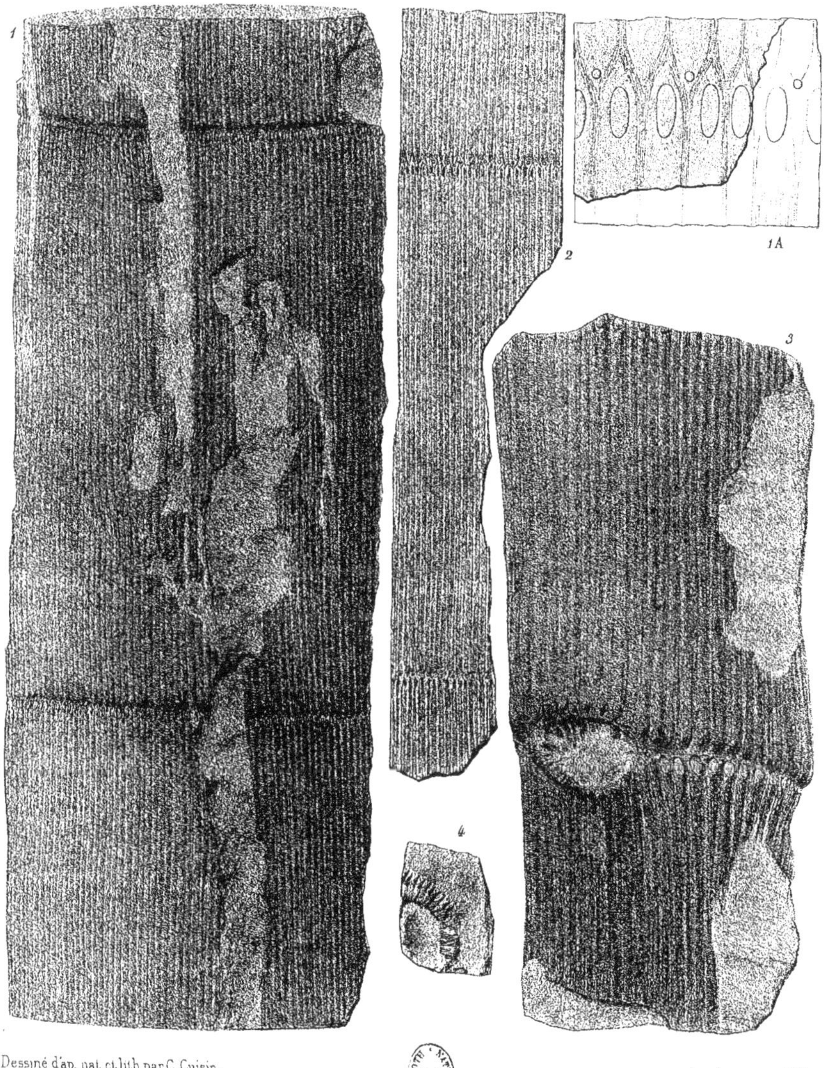

1

2

1A

3

4

Dessiné d'ap. nat. et lith par C. Cuisin.

Imp. Lemercier & Cie Paris

PLANCHE LVII

PLANCHE LVII

EXPLICATION DES FIGURES

Fig. 1. — **Calamophyllites Gœpperti**. Ettingshausen (sp.). — Empreinte d'un fragment de tige portant une série de cicatrices raméales verticillées, et à chaque articulation un verticille de cicatrices foliaires.

Mines d'Anzin, fosse Thiers, veine Printanière (Nord).

Fig. 2. — **Calamophyllites verticillatus**. Lindley et Hutton (sp.). — Empreinte d'un fragment de tige portant plusieurs verticilles de cicatrices foliaires et un verticille de cicatrices raméales.

Mines d'Anzin (concession de Vieux-Condé), fosse Chabaud-Latour, veine Philippine (Nord).

Fig. 3. — **Pinnularia columnaris**. Artis (sp.). — Empreinte d'une racine munie de radicelles, mais qu'il n'est pas possible d'attribuer à une plante plutôt qu'à une autre.

Mines de Bully-Grenay (Pas-de-Calais).

PL. LVII.

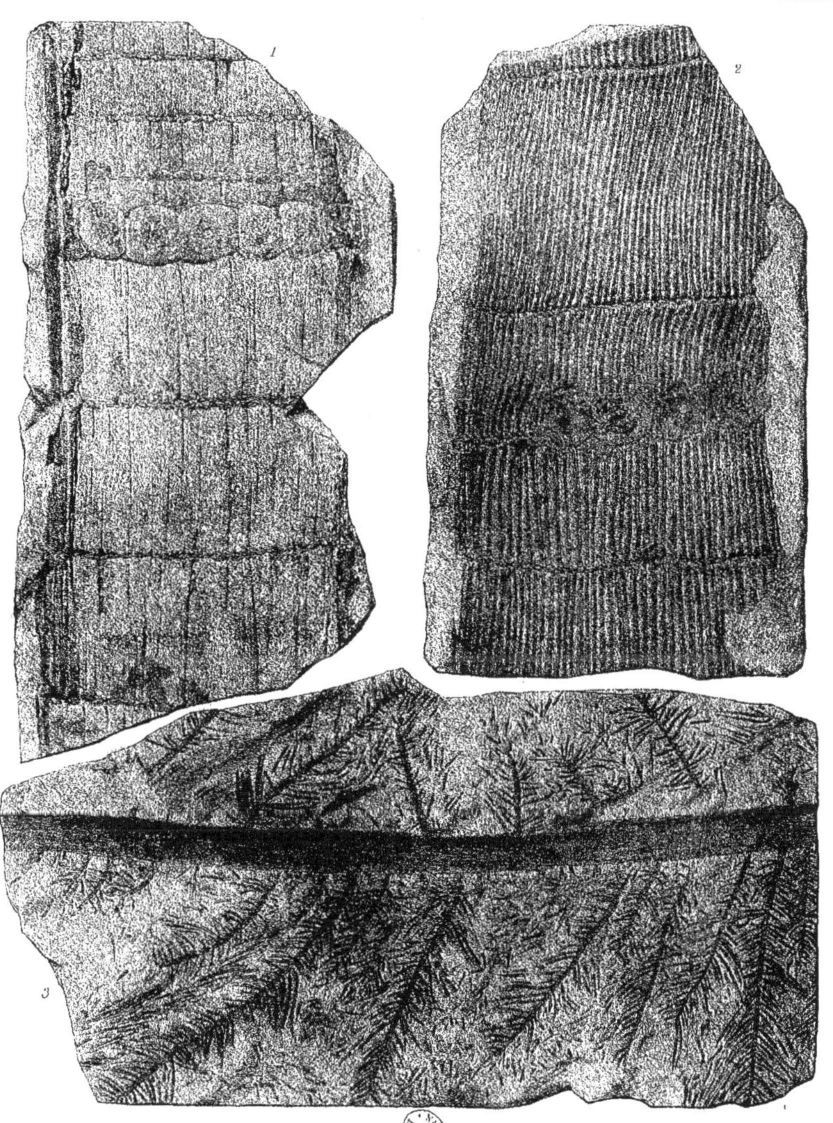

essiné d'ap. nat et lith par C. Cuisin

Imp. Lemercier et Cie Paris.

PLANCHE LVIII

PLANCHE LVIII

EXPLICATION DES FIGURES

Fig. 1. — **Asterophyllites equisetiformis**. Schlotheim (sp.). — Fragment de rameau portant une série d'épis de fructification.

Mines de Marles, veine Sainte-Barbe (Pas-de-Calais).

Fig. 1 A. — Portion d'un des épis du même échantillon, grossi deux fois et demie, montrant la disposition des sporangiophores.

Fig. 1 B. — Portion d'un autre épi du même échantillon, grossi deux fois et demie, montrant deux sporanges (ou groupes de sporanges?) encore en place.

Fig. 2. — **Asterophyllites equisetiformis.** Schlotheim (sp.). — Empreinte de deux verticilles foliaires d'une tige.

Mines d'Anzin, fosse Thiers, 1re veine du sud (Nord).

Fig. 3. — **Asterophyllites equisetiformis.** Schlotheim (sp.). — Fragment de rameau muni de ramules distiques.

Charbonnages du Levant du Flénu, près Mons, fosse n° 19 (Belgique).

Fig. 4. — **Asterophyllites equisetiformis**. Schlotheim (sp.). — Fragment de ramules.

Mines de Lens, fosse n° 2, veine Amé (Pas-de-Calais).

Fig. 5. — **Asterophyllites equisetiformis**. Schlotheim (sp.). — Extrémité d'un ramule.

Mines de Bully-Grenay, fosse n° 5, passée du Bure du raval (Pas-de-Calais).

Fig. 6. — **Asterophyllites equisetiformis.** Schlotheim (sp.). — Fragment de ramule.

Mines de Marles, fosse n° 5, veine Henriette (Pas-de-Calais).

Fig. 7. — **Asterophyllites equisetiformis**. Schlotheim (sp.). — Fragments de deux ramules, dont l'un, celui de droite, a les feuilles étalées, tandis que l'autre les a presque toutes dressées.

Mines d'Anzin (Nord).

PL. LVIII.

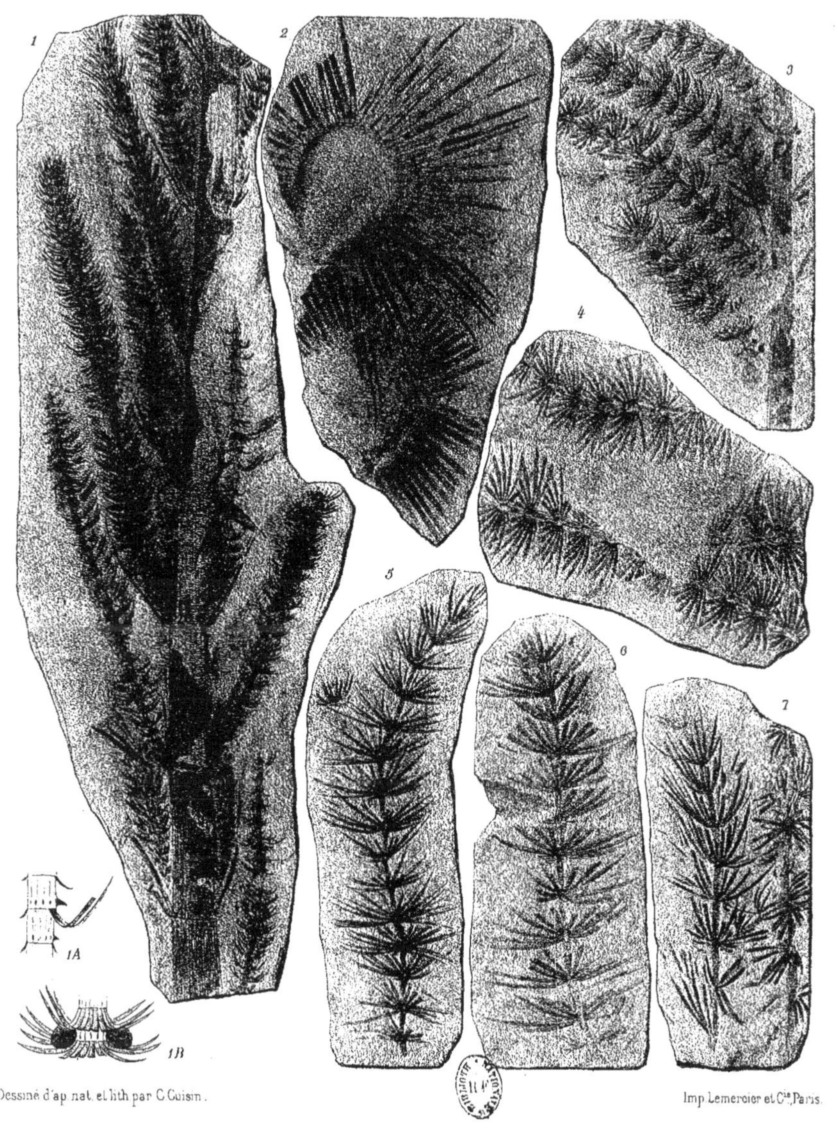

Dessiné d'ap. nat. et lith par C. Cuisin.

Imp. Lemercier et Cie, Paris.

PLANCHE LIX

PLANCHE LIX

EXPLICATION DES FIGURES

Fig. 1. — **Asterophyllites lycopodioïdes.** Zeiller. — Portion d'une tige ou d'un rameau primaire portant trois rameaux secondaires garnis de ramules distiques.

Mines d'Anzin (concession de Denain), fosse Villars, veine Édouard (Nord).

Fig. 2. — **Asterophyllites lycopodioïdes.** Zeiller. — Portion d'un rameau secondaire garni de ramules distiques.

Mines d'Anzin (concession de Denain), fosse Villars, veine Édouard (Nord).

Fig. 3. — **Asterophyllites longifolius.** Sternberg (sp.). — Fragment de rameau portant plusieurs verticilles de feuilles.

Mines d'Anzin, fosse Renard, veine Mark (Nord).

Fig. 4. — **Asterophyllites grandis.** Sternberg. (sp.). — Portion d'une grande plaque présentant plusieurs rameaux primaires garnis de ramules distiques.

Mines d'Aniche, fosse Bernicourt, veine Marcel (Nord).

Fig. 5 et 6. — **Asterophyllites grandis.** Sternberg (sp.). — Épis de fructification épars sur la plaque représentée en partie fig. 4.

Mines d'Aniche, fosse Bernicourt, veine Marcel (Nord).

Fig. 6 A. — Portion inférieure d'un de ces épis, grossie cinq fois, montrant la disposition des sporangiophores.

Fig. 7. — **Asterophyllites grandis.** Sternberg (sp.). — Fragment d'un rameau primaire garni de ramules distiques.

Mines d'Auchy-au-Bois, fosse n° 2 (Pas-de-Calais).

Fig. 8. — **Annularia radiata.** Brongniart (sp.). — Fragment de rameau garni de ramules distiques portant à leur extrémité des épis de fructification.

Mines d'Auchy-au-Bois, fosse n° 2 (Pas-de-Calais).

Fig. 8 A. — Portion d'un des épis du même échantillon, grossie cinq fois, montrant la disposition des sporangiophores portant chacun quatre sporanges.

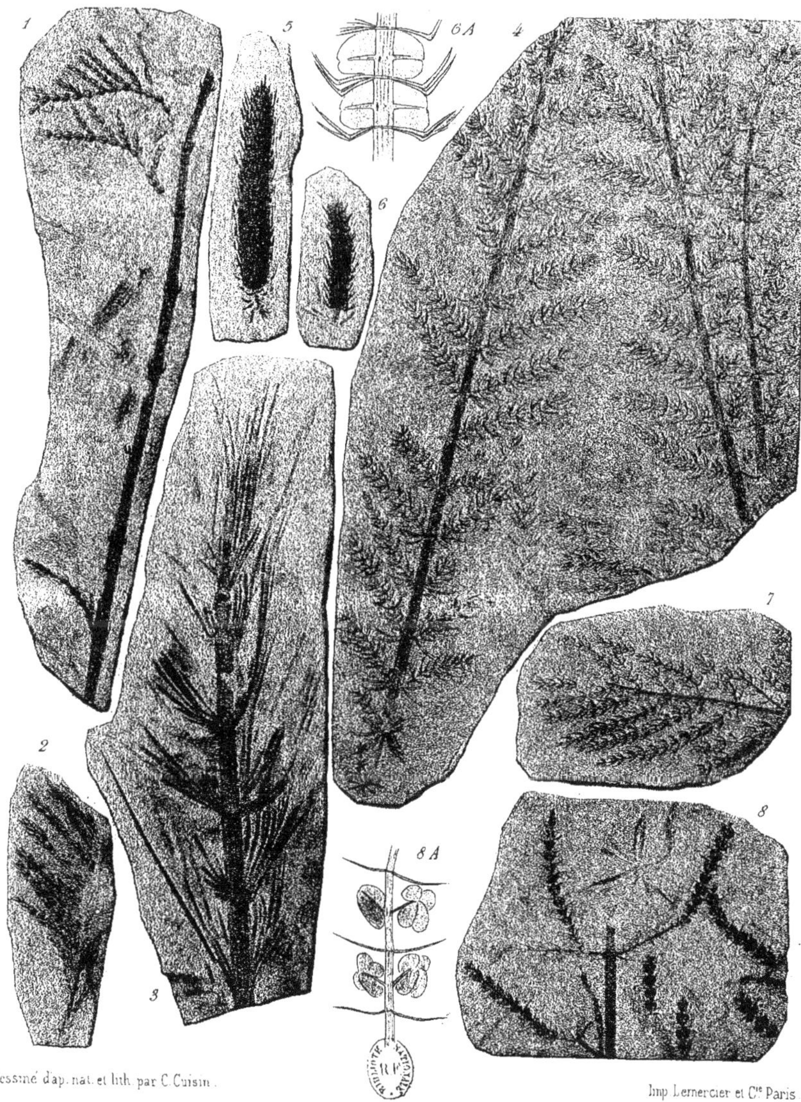

Dessiné d'ap. nat. et lith. par C. Cuisin.

Imp. Lemercier et Cie Paris.

PLANCHE LX

PLANCHE LX

EXPLICATION DES FIGURES

Fig. 1. — **Palæostachya pedunculata.** Williamson. — Fragment d'une plaque portant l'empreinte de plusieurs épis de fructification disposés en verticilles successifs.
Mines de Bernissart, veine Daubresse (Belgique).

Fig. 1 A et 1 B. — Portions d'épis du même échantillon, grossies deux fois et demie, montrant la disposition des sporangiophores.

Fig. 2. — **Palæostachya pedunculata.** Williamson. — Rameau portant plusieurs épis de fructification disposés en verticilles.
Mines de Ferfay, fosse n° 2, veine Présidente (Pas-de-Calais).

Fig. 2 A. — Base de l'épi inférieur du même échantillon, grossie deux fois et demie, montrant la disposition des sporangiophores.

Fig. 3. — **Annularia microphylla.** Sauveur. — Fragment d'une plaque présentant un rameau avec plusieurs verticilles de feuilles.
Mines d'Anzin (Nord).

Fig. 3 A. — Portion d'un verticille et feuille du même échantillon, grossies deux fois.

Fig. 4. — **Annularia microphylla.** Sauveur. — Rameau portant plusieurs ramules avec leurs verticilles de feuilles.
Charbonnage Bonne-Veine, à Quaregnon, fosse Sainte-Hortense (Belgique).

Fig. 4 A. — Portion d'un verticille du même échantillon, grossie deux fois.

Fig. 5. — **Annularia sphenophylloïdes.** Zenker (sp.). — Rameau portant plusieurs ramules feuillés, et verticilles de feuilles isolés.
Mines de Lens, fosse n° 2, veine Arago (Pas-de-Calais).

Fig. 5 A. — Feuilles du même échantillon, grossies deux fois.

Fig. 6. — **Annularia sphenophylloïdes.** Zenker (sp.). — Verticilles de feuilles isolés.
Mines de Lens (Pas-de-Calais).

Fig. 6 A. — Feuilles du même échantillon, grossies deux fois.

PL. LX.

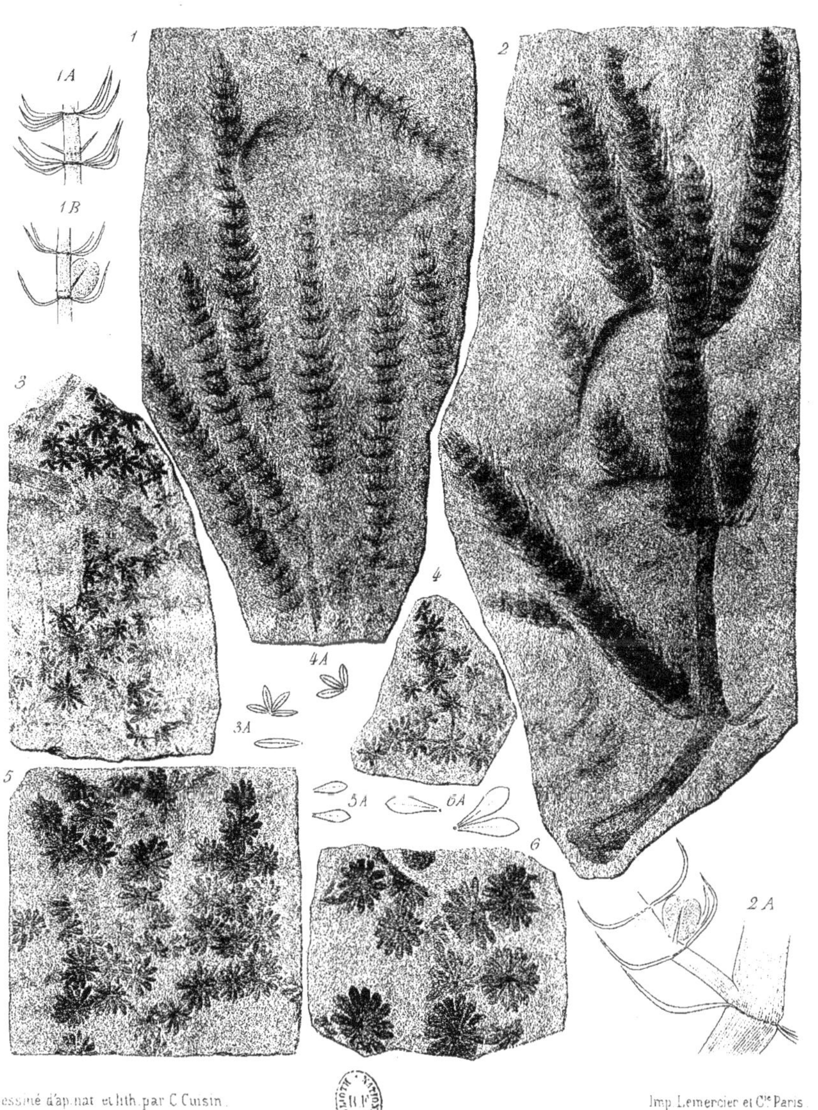

Dessiné d'ap. nat. et lith. par C. Cuisin.

Imp. Lemercier et Cie Paris.

PLANCHE LXI

PLANCHE LXI

EXPLICATION DES FIGURES

Fig. 1. — **Annularia radiata.** Brongniart (sp.). — Verticilles de feuilles.
Mines d'Auchy-au-Bois, fosse n° 2 (Pas-de-Calais).

Fig. 1 A. — Feuille du même échantillon, grossie deux fois.

Fig. 2. — **Annularia radiata.** Brongniart (sp.). — Fragment d'une plaque présentant plusieurs verticilles de feuilles.
Mines de Vicoigne, fosse n° 2, veine Sainte-Victoire (Nord).

Fig. 2 A. — Feuilles du même échantillon, grossies deux fois.

Fig. 3. — **Annularia stellata.** Schlotheim (sp.). — Fragments d'épis de fructification (*Brukmania tuberculata*. Sternberg).
Mines de Marles, fosse n° 5, veine Henriette (Pas-de-Calais).

Fig. 3 A et 3 B. — Portions des mêmes épis, grossies deux fois et demie, montrant la disposition des sporangiophores.

Fig. 4. — **Annularia stellata.** Schlotheim (sp.). — Fragment de rameau portant quatre verticilles de feuilles.
Mines de Bully-Grenay, fosse n° 5, veine Sainte-Barbe (Pas-de-Calais).

Fig. 4 A. — Feuilles du même échantillon, grossies deux fois.

Fig. 5. — **Annularia stellata.** Schlotheim (sp.). — Fragment de rameau portant deux verticilles de feuilles.
Mines de Bully-Grenay, fosse n° 5, veine Sainte-Barbe (Pas-de-Calais).

Fig. 5 A. — Feuille du même échantillon, grossie deux fois.

Fig. 6. — **Annularia stellata.** Schlotheim (sp.). — Verticille de feuilles isolé.
Mines de Marles, fosse n° 5, veine Henriette (Pas-de-Calais).

Fig. 7. — **Sphenophyllum myriophyllum.** Crépin. — Verticilles de feuilles vus à plat.
Mines de Carvin, fosse n° 3, veine n° 3 (Pas-de-Calais).

PL. LXI.

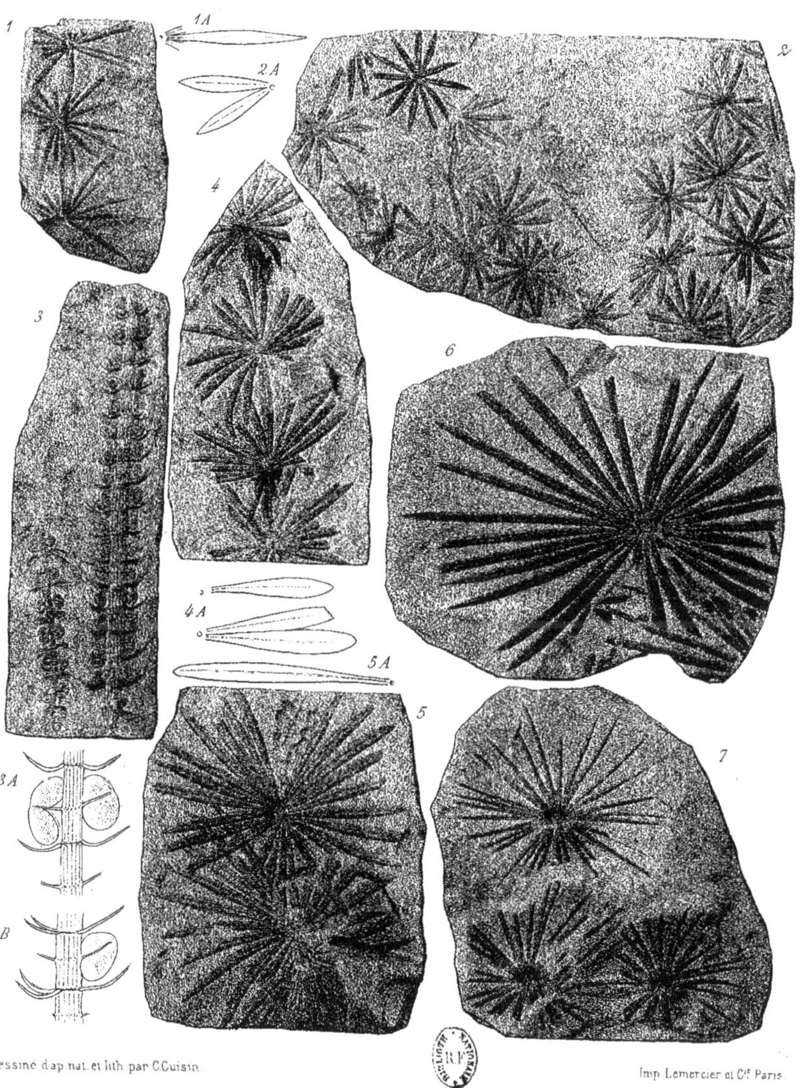

Dessiné d'ap. nat. et lith. par C. Cuisin.

Imp. Lemercier et Cie Paris.

PLANCHE LXII

PLANCHE LXII

EXPLICATION DES FIGURES

Fig. 1. — **Sphenophyllum cuneifolium**, var. *saxifragæfolium*. Sternberg (sp). — Fragment d'une tige portant plusieurs rameaux feuillés.
Mines de l'Escarpelle, fosse n° 1, veine D (Nord).

Fig. 2. — **Sphenophyllum myriophyllum**. Crépin. — Fragment de rameau portant plusieurs verticilles de feuilles.
Mines d'Anzin, fosse Thiers, veine n° 2 (Nord).

Fig. 3. — **Sphenophyllum myriophyllum**. Crépin. — Fragments de rameaux feuillés.
Charbonnage de l'Agrappe, fosse Grand-Trait (Belgique).

Fig. 3 A. — Feuille du même échantillon, grossie deux fois.

Fig. 4. — **Sphenophyllum myriophyllum**. Crépin. — Fragments de tiges et de rameaux; on remarque que le rameau issu de la tige de gauche ne tarde pas à devenir prédominant et à la dépasser.
Charbonnages du Grand-Buisson, près Mons (Belgique).

PL. LXII.

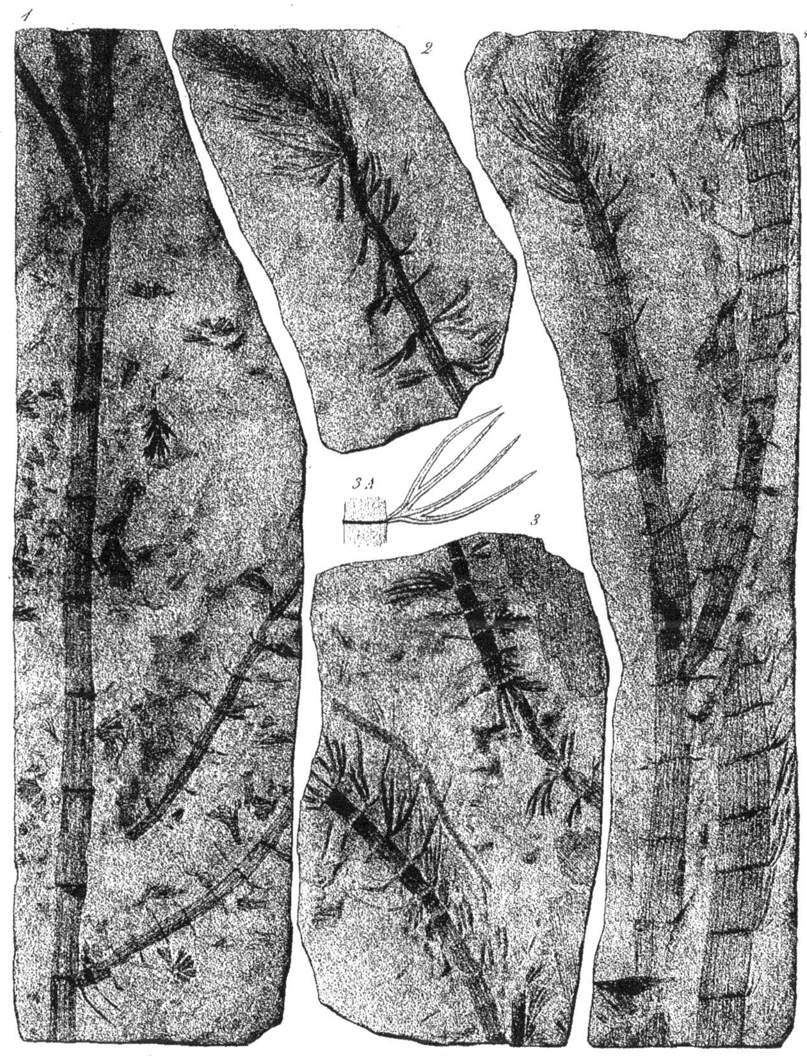

Dessiné d'ap. nat. et lith. par C. Cuisin.

Imp. Lemercier et Cie Paris.

PLANCHE LXIII

PLANCHE LXIII

EXPLICATION DES FIGURES

FIG. 1. — **Sphenophyllum cuneifolium.** STERNBERG (sp.). — Fragment d'une plaque portant plusieurs rameaux feuillés.

Mines d'Eschweiler (Prusse rhénane).

FIG. 1 A. — Feuille du même échantillon, grossie deux fois et demie.

FIG. 2. — **Sphenophyllum cuneifolium.** STERNBERG (sp.). — Fragment d'une plaque portant plusieurs rameaux feuillés.

Mines d'Aniche, fosse Sainte-Marie, veine Marie (Nord).

FIG. 3. — **Sphenophyllum cuneifolium.** STERNBERG (sp.). — Verticille de feuilles vu à plat.

Mines de Lens, fosse n° 1, veine Céline (Pas-de-Calais).

FIG. 3 A. — Feuille du même échantillon, grossie deux fois et demie.

FIG. 4. — **Sphenophyllum cuneifolium,** var. *saxifragœfolium.* STERNBERG (sp.). — Fragment d'une plaque portant une tige avec un rameau feuillé et deux épis de fructification.

Mines d'Anzin, fosse Casimir-Périer, 3e veine (Nord).

FIG. 4 A. — Portion d'un des épis du même échantillon, grossi trois fois, montrant les sporanges portés sur les bractées à une assez grande distance de l'axe.

FIG. 5. — **Sphenophyllum cuneifolium,** var. *saxifragœfolium.* STERNBERG (sp.). — Fragments d'épis de fructification.

Mines d'Anzin, fosse Casimir-Périer, 3e veine (Nord).

FIG. 5 A. — Sporange du même échantillon, grossi quinze fois, montrant son insertion au coude d'une bractée et le réseau cellulaire de sa surface.

FIG. 6. — **Sphenophyllum cuneifolium.** STERNBERG (sp.). — Verticilles de feuilles vus à plat.

Mines de Nœux, fosse n° 1, veine Saint-Augustin (Pas-de-Calais).

FIG. 7. — **Sphenophyllum cuneifolium.** STERNBERG (sp.). — Verticille de feuille vu à plat.

Mines de Nœux, fosse n° 1, veine Saint-Augustin (Pas-de-Calais).

FIG. 8. — **Sphenophyllum cuneifolium,** var. *saxifragœfolium.* STERNBERG (sp.). — Fragment de rameau portant un verticille de feuilles.

Mines d'Anzin, fosse Casimir-Périer, 3e veine (Nord).

FIG. 8 A et 8 B. — Feuilles du même échantillon, grossies deux fois et demie.

FIG. 9. — **Sphenophyllum cuneifolium,** var. *saxifragœfolium.* STERNBERG (sp.). — Verticille de feuilles vu à plat.

Mines de Galoubovka, bassin houiller du Donetz (Russie).

FIG. 9 A et 9 B. — Feuilles du même échantillon, grossies deux fois et demie.

FIG. 10. — **Sphenophyllum cuneifolium,** var. *saxifragœfolium.* STERNBERG (sp.). — Fragment d'une grande plaque portant plusieurs rameaux avec épis de fructification.

Mines de l'Escarpelle, fosse n° 1, veine D (Nord).

FIG. 10 A. — Portion d'un autre épi de la même plaque, grossi trois fois, montrant un verticille de bractées vu en dehors.

FIG. 10 B. — Portion d'un autre épi de la même plaque, grossi trois fois, montrant un verticille de bractées vu en dedans.

FIG. 10 C. — Portion d'un autre épi de la même plaque, grossi trois fois, montrant les sporanges insérés au coude des bractées.

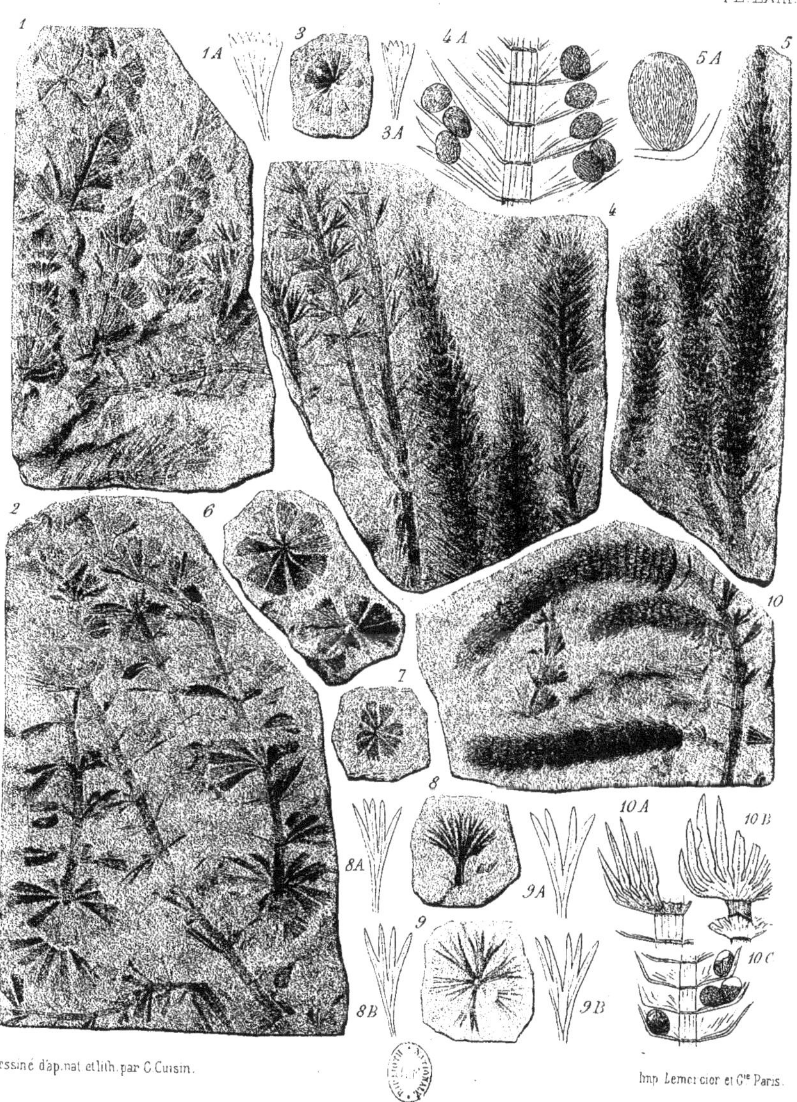

Dessiné d'ap. nat. et lith. par C. Cuisin.

Imp. Lemercier et Cie Paris.

PLANCHE LXIV

PLANCHE LXIV

EXPLICATION DES FIGURES

FIG. 1. — **Sphenophyllum majus.** BRONN (sp.). — Verticilles de feuilles incomplets.
Mines de Lens, fosse n° 2, veine Arago (Pas-de-Calais).

FIG. 1 A. — Feuille du même échantillon, grossie deux fois.

FIG. 2. — **Sphenophyllum majus.** BRONN (sp.). — Portion de tige avec plusieurs rameaux feuillés.
Mines de Lens, fosse n° 2, veine Arago (Pas-de-Calais).

FIG. 2 A. — Feuille du même échantillon, grossie deux fois.

FIG. 3. — **Sphenophyllum emarginatum.** BRONGNIART. — Fragment d'une plaque portant l'empreinte d'une tige avec plusieurs rameaux feuillés;
Mines de Bully-Grenay, fosse n° 5, veine Sainte-Barbe (Pas-de-Calais).

FIG. 4. — **Sphenophyllum emarginatum.** BRONGNIART. — Fragment d'une plaque portant l'empreinte de plusieurs rameaux feuillés.
Mines de Bully-Grenay, fosse n° 5, veine Sainte-Barbe (Pas-de-Calais).

FIG. 4 A, 4 B et 4 C. — Feuilles du même échantillon, grossies deux fois et demie.

FIG 5. — **Sphenophyllum emarginatum.** BRONGNIART. — Fragments de rameaux feuillés portant à leur sommet des épis de fructification.
Mines de Lens, fosse n° 1, veine Omérine (Pas-de-Calais).

FIG. 5 A. — Portion d'un des épis du même échantillon, grossie cinq fois, montrant la disposition des sporanges.

PL. LXIV.

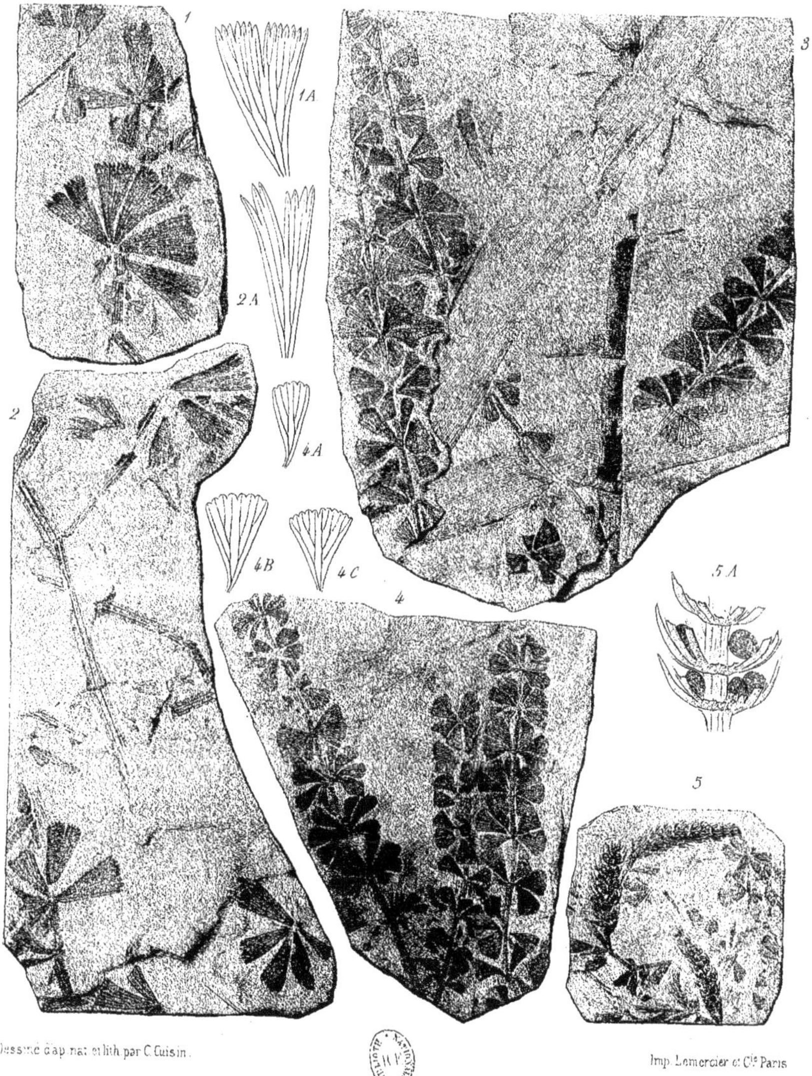

Dessiné d'ap. nat. et lith. par C. Cuisin.

Imp. Lemercier et Cie Paris

PLANCHE LXV

PLANCHE LXV

EXPLICATION DES FIGURES

FIG. 1. — **Lepidodendron aculeatum.** STERNBERG. — Empreinte d'un fragment d'écorce.

Mines de Lens, fosse n° 2, veine Désiré (Pas-de-Calais).

FIG. 1 A. — Moulage en relief d'un des coussinets foliaires du même échantillon, grossi deux fois.

FIG. 2. — **Lepidodendron aculeatum.** STERNBERG. — Fragment d'un grand échantillon présentant d'un côté l'écorce elle-même en relief, et de l'autre l'empreinte en creux de la face postérieure de l'anneau cortical de la même tige.

Mines de Douchy (Nord).

FIG. 3. — **Lepidodendron aculeatum.** STERNBERG. — Fragment de tige dépouillé de la couche corticale externe.

Mines de Lens, fosse n° 1, veine Émélie (Pas-de-Calais).

FIG. 4. — **Lepidodendron aculeatum.** STERNBERG. — Empreinte sous-corticale d'une très vieille tige.

Mines de Bully-Grenay, fosse n° 5, veine Saint-Joseph (Pas-de-Calais).

FIG. 5. — **Lepidodendron aculeatum.** STERNBERG. — Empreinte d'un fragment d'écorce.

Mines de Lens, fosse n° 1, veine Ernestine (Pas-de-Calais).

FIG. 6. — **Lepidodendron aculeatum.** STERNBERG. — Fragment d'un jeune rameau.

Mines d'Anzin (concession de Raismes), fosse Saint-Louis, veine n° 22 (Nord).

FIG. 7. — **Lepidodendron aculeatum.** STERNBERG. — Empreinte d'un fragment de l'écorce d'une tige âgée.

Mines de Marles, veine Louisa (Pas-de-Calais).

PL. LXV.

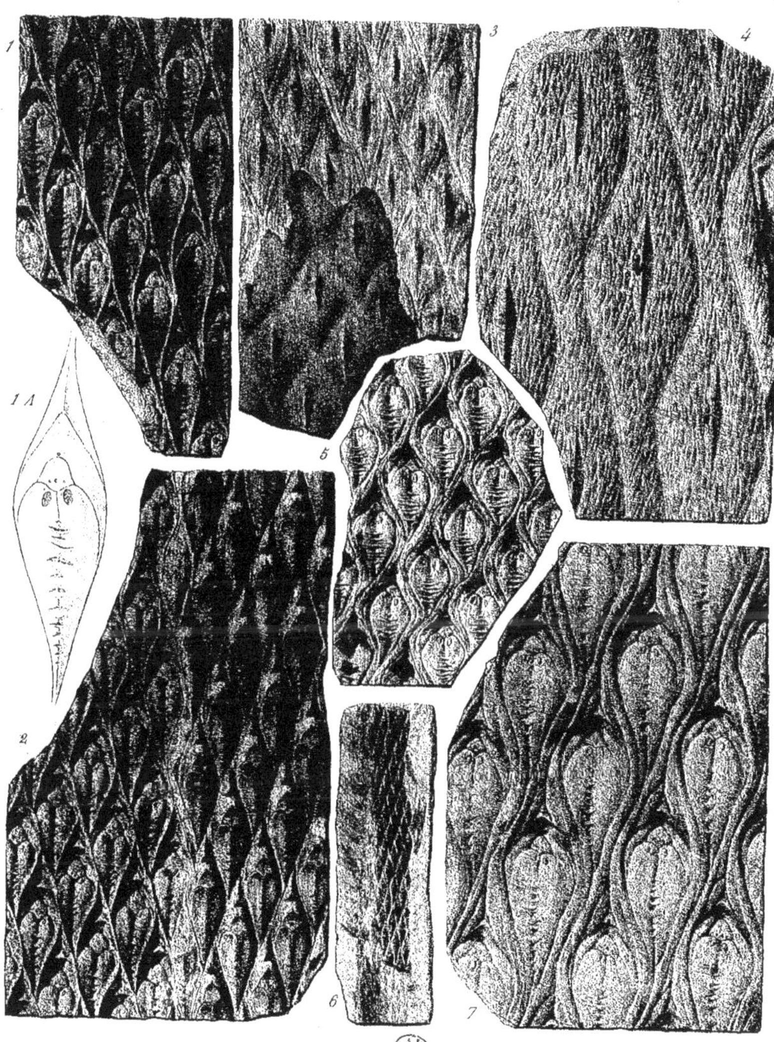

Dessiné d'ap. nat. et lith. par C. Cuisin.

Imp. Lemercier & Cie Paris

PLANCHE LXVI

PLANCHE LXVI

EXPLICATION DES FIGURES

Fig. 1. — **Lepidodendron obovatum.** Sternberg. — Fragment d'un grand échantillon présentant l'empreinte d'une grosse tige, avec de longues feuilles aciculaires encore attachées.
Mines de Marles, veine Louisa (Pas-de-Calais).

Fig. 2. — **Lepidodendron obovatum.** Sternberg. — Autre portion du même échantillon.
Mines de Marles, veine Louisa (Pas-de-Calais).

Fig. 3. — **Lepidodendron obovatum.** Sternberg. — Empreinte de l'écorce d'une jeune tige.
Mines d'Anzin, fosse Saint-Louis (Nord).

Fig. 3 A. — Moulage en relief d'un des coussinets foliaires du même échantillon, grossi deux fois.

Fig. 4. — **Lepidodendron obovatum.** Sternberg. — Fragment d'un échantillon montrant l'écorce d'une tige dépourvue de son épiderme, et, à gauche, l'empreinte de la face postérieure de cette écorce.
Mines de Carvin (Pas-de-Calais).

Fig. 5. — **Lepidodendron obovatum.** Sternberg. — Empreinte d'un fragment d'écorce.
Mines d'Aniche (Nord).

Fig. 5 A. — Moulage en relief d'un des coussinets foliaires du même échantillon, grossi deux fois.

Fig. 6. — **Lepidodendron obovatum.** Sternberg. — Empreinte d'un fragment d'écorce.
Mines de Nœux, fosse n° 3, veine Saint-Marc (Pas-de-Calais).

Fig. 7. — **Lepidodendron obovatum.** Sternberg. — Fragment de tige dépouillée de son écorce.
Mines d'Aniche, fosse Notre-Dame, veine Lallier (Nord).

Fig. 8. — **Lepidodendron obovatum.** Sternberg. — Empreinte d'un fragment de rameau.
Mines de Lens, fosse n° 4, veine Théodore (Pas-de-Calais).

PL. LXVI

Dessiné d'ap. nat. et lith par C. Cuisin. Imp. Lemercier et Cie Paris.

PLANCHE LXVII

PLANCHE LXVII

EXPLICATION DES FIGURES

Fig. 1. — **Lepidodendron dichotomum.** Sternberg. — Empreinte d'un fragment d'écorce.
Mines d'Anzin (concession de Raismes), fosse Bonne-part, veine Rapuroir (Nord).

Fig. 1 A. — Moulage en relief de deux coussinets foliaires du même échantillon, grossi deux fois.

Fig. 2. — **Lepidodendron Veltheimi.** Sternberg. — Empreinte d'un fragment d'écorce.
Mines d'Annœullin (Pas-de-Calais).

Fig. 2 A. — Moulage en relief d'un coussinet foliaire du même échantillon, grossi deux fois.

Fig. 3. — **Lepidodendron Jaraczewskii.** Zeiller. — Empreinte d'un fragment d'écorce.
Mines de Dourges, veine Saint-Louis (Pas-de-Calais).

Fig. 3 A. — Moulage en relief d'une partie d'un des coussinets foliaires du même échantillon, grossi deux fois.

Fig. 4. — **Lepidodendron rimosum.** Sternberg. — Fragment de tige dépouillée de son écorce.
Mines d'Anzin (Nord).

Fig. 5. — **Lepidodendron rimosum.** Sternberg. — Empreinte d'un fragment d'écorce.
Mines d'Aniche, fosse l'Archevêque, grande veine (Nord).

Fig. 5 A. — Moulage en relief d'un coussinet foliaire du même échantillon, grossi deux fois.

Pl. LXVII

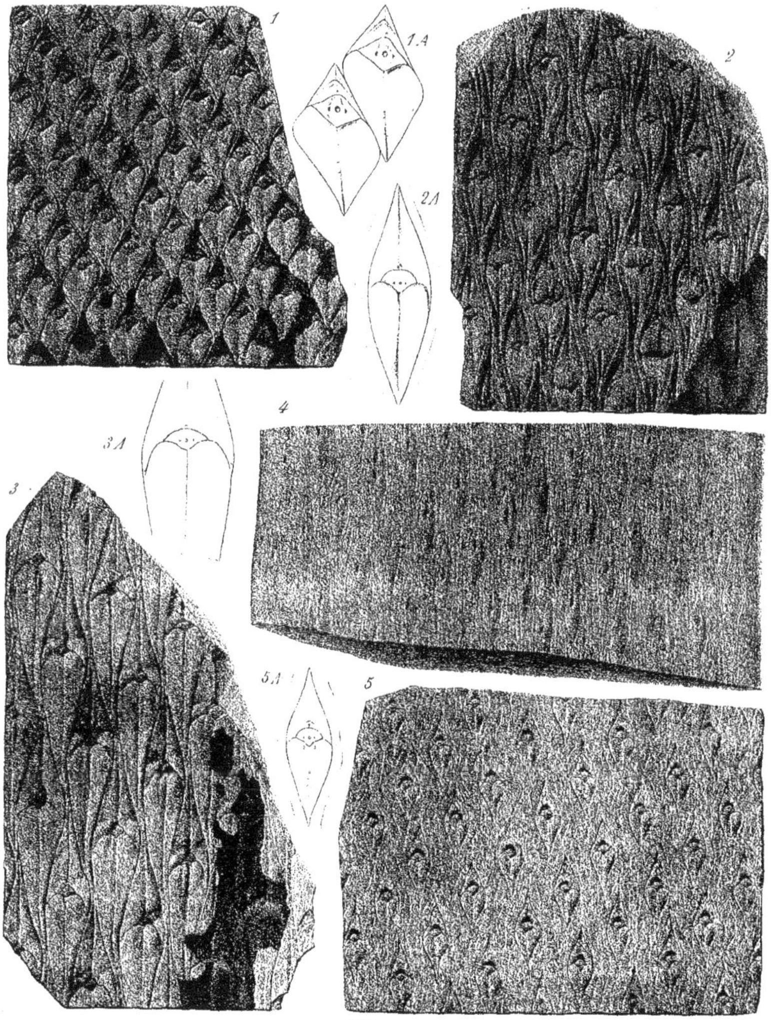

Dessiné d'ap. nat. et lith. par C. Cuisin

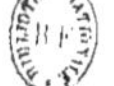

Imp. Lemercier & Cie Paris

PLANCHE LXVIII

PLANCHE LXVIII

EXPLICATION DES FIGURES

FIG. 1. — **Lepidodendron ophiurus.** BRONGNIART (sp.). — Fragment d'une grande plaque présentant l'empreinte de plusieurs rameaux feuillés, divisés par dichotomie.

Mines de Meurchin, fosse n° 1, veine Saint-Charles (Pas-de-Calais).

FIG. 1 A. — Moulage en relief de quatre coussinets foliaires du même échantillon, grossi deux fois.

FIG. 2. — **Lepidodendron ophiurus.** BRONGNIART (sp.). — Empreinte d'un fragment de rameau feuillé portant à son extrémité un cône de fructification.

Mines de Meurchin, fosse n° 1, veine Saint-Charles (Pas-de-Calais).

FIG. 3. — **Lepidodendron ophiurus.** BRONGNIART (sp.). — Empreinte d'un cône de fructification.

Mines de Meurchin, fosse n° 1, veine Saint-Charles (Pas-de-Calais).

FIG. 4. — **Lepidodendron ophiurus.** BRONGNIART (sp.). — Fragment d'une tige feuillée.

Mines de Meurchin, fosse n° 1, veine Saint-Charles (Pas-de-Calais).

FIG. 5. — **Lepidodendron ophiurus.** BRONGNIART (sp.). — Empreinte d'un fragment d'une tige ou d'un gros rameau.

Mines de Meurchin, fosse n° 1, veine Saint-Charles (Pas-de-Calais).

FIG. 6. — **Lepidodendron ophiurus.** BRONGNIART (sp.). — Empreinte d'un fragment de tige.

Mines de Meurchin, fosse n° 1, veine Saint-Charles (Pas-de-Calais).

FIG. 6 A. — Moulage en relief de deux coussinets foliaires du même échantillon, grossi deux fois.

1 2 3 4 5 6 1A 6A

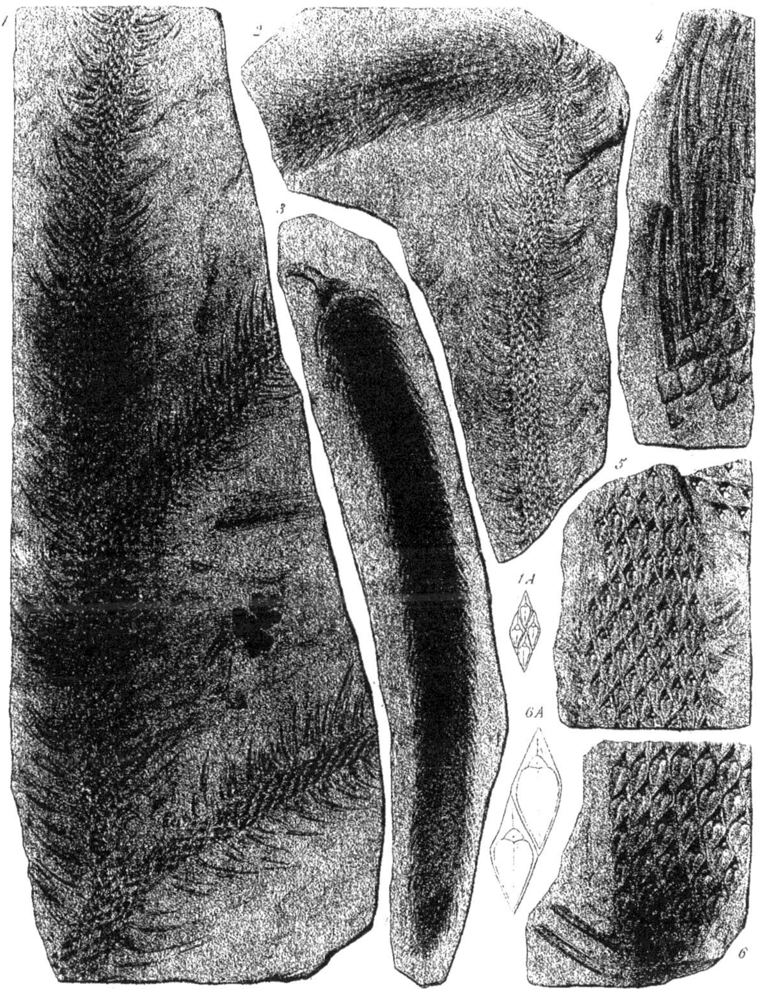

Dessiné d'ap. nat. et lith. par C. Cusin.

Imp. Lemercier et Cie Paris.

PLANCHE LXIX

PLANCHE LXIX

EXPLICATION DES FIGURES

Fig. 1. — **Lepidodendron Haidingeri.** Ettingshausen. — Empreinte de plusieurs rameaux feuillés, dont un est divisé par dichotomie.
Mines de Bully-Grenay, fosse n° 7, veine Christian (Pas-de-Calais).

Fig. 1 A. — Moulage en relief de trois coussinets foliaires du même échantillon, grossi deux fois.

Fig. 2. — **Lepidodendron lycopodioïdes.** Sternberg. — Fragment d'une tige ou d'un gros rameau présentant une division par dichotomie.
Mines de Courrières (Pas-de-Calais).

Fig. 3. — **Lepidodendron lycopodioïdes.** Sternberg. — Fragment de l'écorce d'une tige.
Mines de Bruay, fosse n° 1, veine Palmyre (Pas-de-Calais).

Fig. 3 A. — Coussinets foliaires du même échantillon, grossis deux fois.

PL. LXIX.

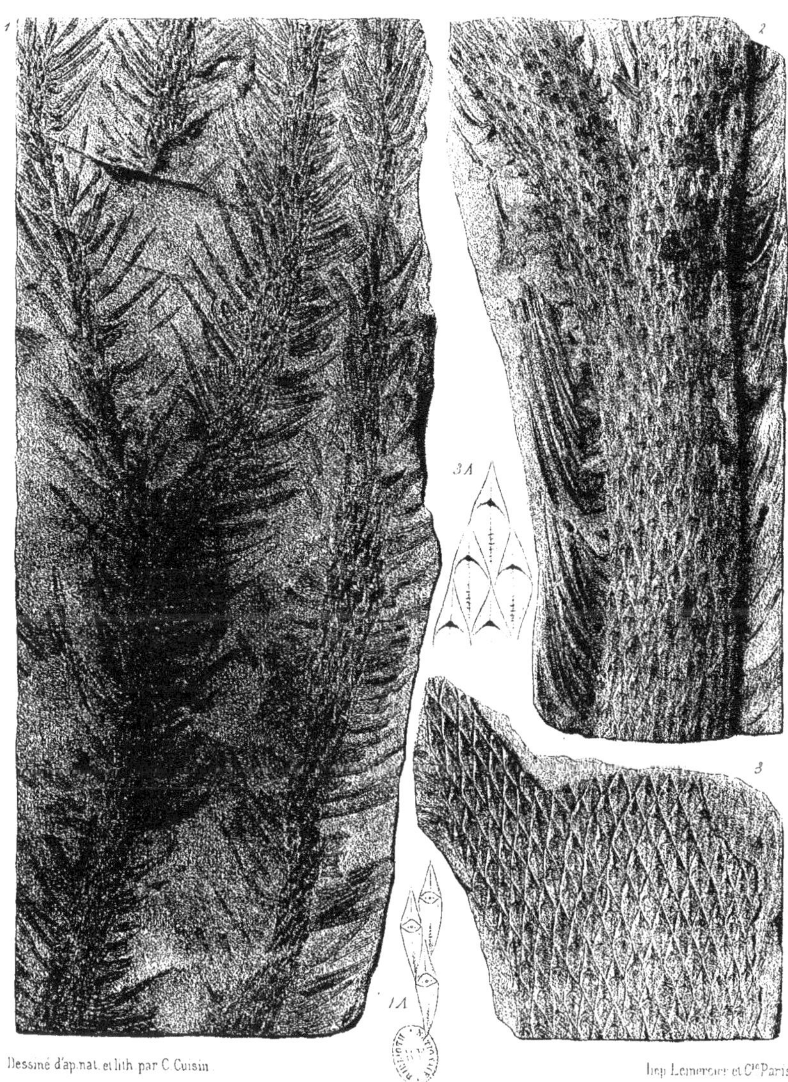

Dessiné d'ap. nat. et lith par C. Cuisin.

Imp. Lemercier et Cie Paris.

PLANCHE LXX

PLANCHE LXX

EXPLICATION DE LA FIGURE

FIG. 1. — **Lepidodendron lycopodioïdes.** STERNBERG. — Fragment d'une tige garnie de feuilles et portant deux rameaux feuillés, dont chacun se bifurque plusieurs fois.

Mines d'Anzin (concession de Raismes), fosse Bleuse-Borne, veine Décadi (Nord).

N. B. — Cette figure a été dessinée directement sur la pierre sans le secours du miroir, elle est, par conséquent, inverse de l'échantillon lui-même.

Pl. LXX

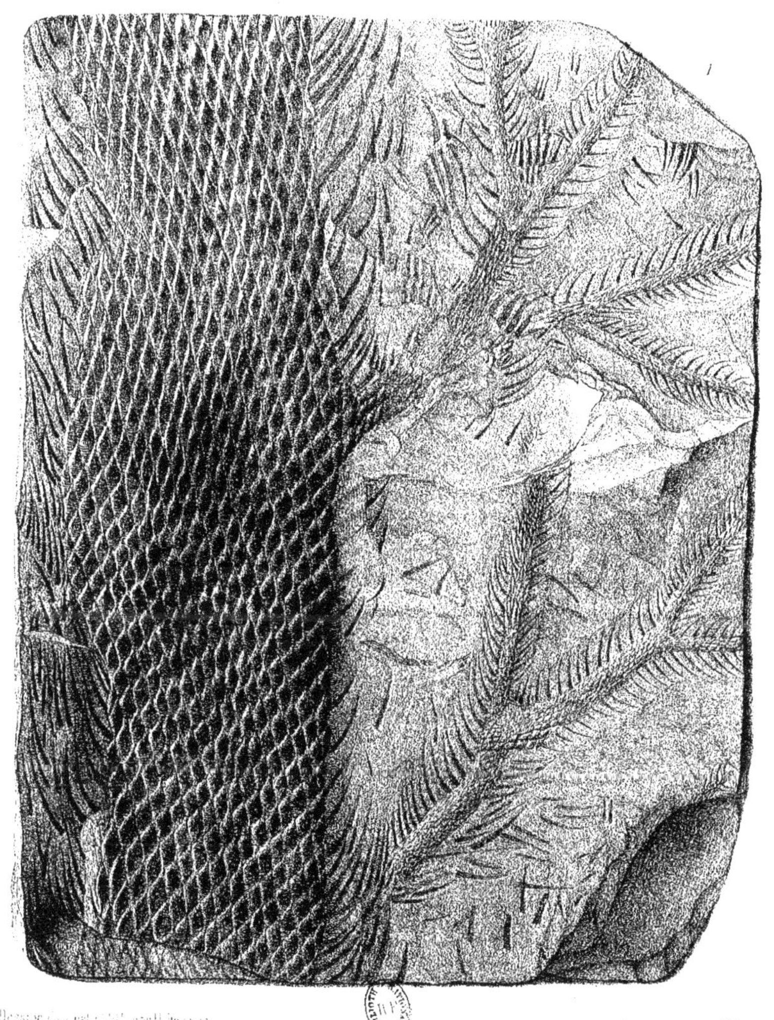

PLANCHE LXXI

PLANCHE LXXI

EXPLICATION DES FIGURES

Fig. 1. — **Lepidodendron Wortheni.** Lesquereux. — Empreintes de rameaux encore garnis de leurs feuilles.

Mines de l'Escarpelle, fosse n° 4, veine n° 9 (Nord).

Fig. 1 A. — Moulage en relief des coussinets foliaires du rameau de droite du même échantillon, grossi deux fois.

Fig. 2. — **Lepidodendron Wortheni.** Lesquereux. — Empreinte d'une tige ou d'un gros rameau portant encore ses feuilles.

Mines d'Anzin (concession de Raismes), fosse Bleuse-Borne, dure veine (Nord).

Fig. 2 A. — Moulage en relief des coussinets foliaires du même échantillon, grossi deux fois.

Fig. 3. — **Lepidodendron Wortheni.** Lesquereux. — Coussinets foliaires (copie d'une portion de la figure type, *Geol. surv. of Illinois*, vol. II, pl. 44, fig. 5).

Mines de Murphysboro, comté de Jackson (Illinois).

PL. LXXI.

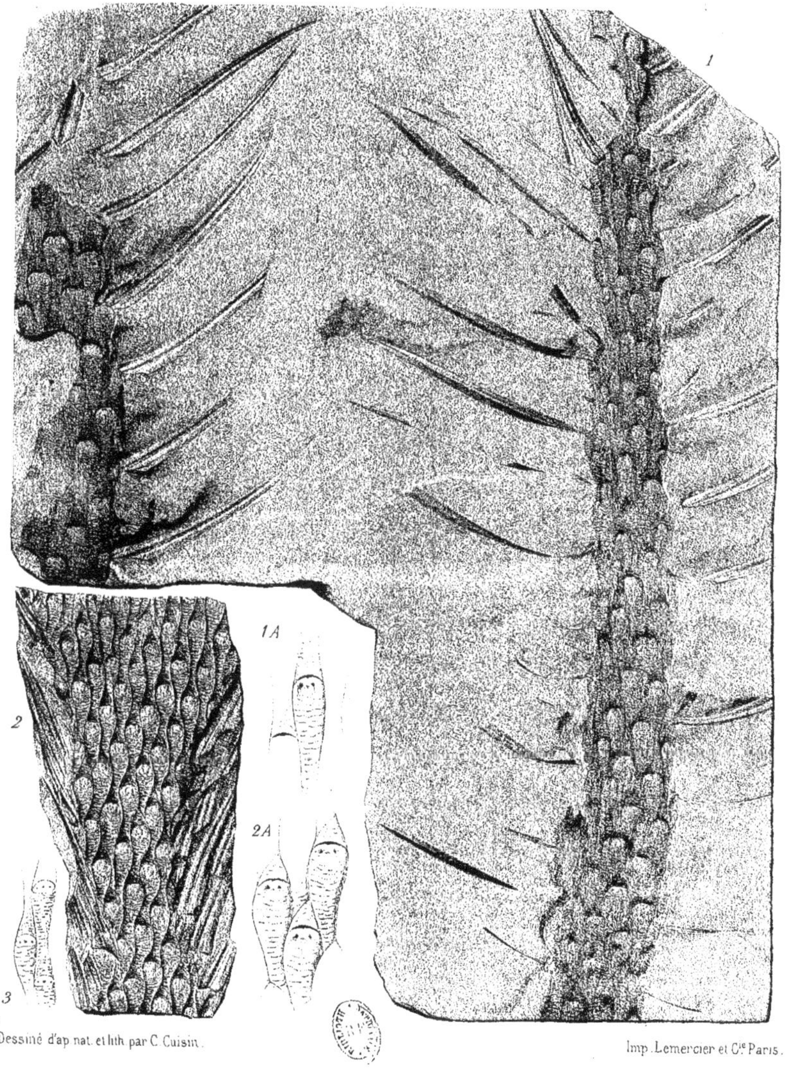

Dessiné d'ap. nat. et lith. par C. Cuisin.

Imp. Lemercier et Cie Paris.

PLANCHE LXXII

PLANCHE LXXII

EXPLICATION DES FIGURES

Fig. 1. — **Lepidophloïos laricinus.** Sternberg. — Empreinte d'un fragment de tige, présentant une dépression correspondant à l'insertion d'un rameau probablement fructifère, dont la base faisait saillie sur la tige elle-même ; sur la face interne de la lame corticale, transformée en charbon, on voit les cicatrices sous-corticales ponctiformes correspondant au passage des faisceaux foliaires.

Mines de Bully-Grenay, veine Saint-Alexis (Pas-de-Calais).

Fig. 1 A. — Moulage en relief des coussinets foliaires du même échantillon, grossi deux fois.

Fig. 2. — **Lepidophloïos laricinus.** Sternberg. — Empreinte d'un fragment de tige.

Mines de Marles, fosse n° 3, veine Eugénie (Pas-de-Calais).

Fig. 3. — **Lepidophloïos laricinus.** Sternberg. — Empreinte d'un fragment de rameau.

Mines de Lens, fosse n° 1, veine Ernestine (Pas-de-Calais).

Fig. 3 A. — Moulage en relief des coussinets foliaires du même échantillon, grossi deux fois.

Fig. 4. — **Halonia tortuosa.** Lindley et Hutton. — Fragment de rameau (probablement rameau de *Lepidophloïos laricinus* ayant porté des cônes de fructification).

Mines de Liévin, fosse n° 1 (Pas-de-Calais).

Fig. 5. — **Halonia tortuosa.** Lindley et Hutton. — Fragment d'un gros rameau dépouillé de son écorce.

Mines d'Anzin, fosse Saint-Louis, petite veine (Nord).

Pl. LXXII

Dessiné d'ap. nat. et lith. par C. Cuisin.

Imp. Lemercier et Cie Paris

PLANCHE LXXIII

PLANCHE LXXIII

EXPLICATION DES FIGURES

Fig. 1. — **Ulodendron majus.** Lindley et Hutton. — Fragment de tige ou de rameau garni de feuilles aciculaires de plus de 0^m, 25 de longueur; l'échantillon, étant en partie dépourvu de son épiderme, montre les cicatrices sous-épidermiques correspondant à l'insertion des feuilles.
Mines de Liévin (Pas-de-Calais).

Fig. 2. — **Ulodendron minus.** Lindley et Hutton. — Fragment d'une tige présentant encore les bases des feuilles dont elle était garnie, et deux dépressions circulaires à ombilic central correspondant sans doute à l'insertion de cônes de fructification.
Mines d'Eschweiler (Prusse rhénane).

PL. LXXIII.

1

2

Dessiné d'ap. nat. et lith. par C. Cuisin.

Imp. Lemercier et Cie Paris.

PLANCHE LXXIV

PLANCHE LXXIV

EXPLICATION DES FIGURES

Fig. 1. — **Lycopodites carbonaceus.** O. Feistmantel. — Fragments de rameaux.
Mines de Carvin, fosse n° 3, veine n° 3 (Pas-de-Calais).

Fig. 1 A. — Portion d'un rameau du même échantillon, grossie cinq fois.

Fig. 2. — **Bothrodendron minutifolium.** Boulay (sp.). — Empreinte d'un fragment de tige.
Mines d'Anzin, fosse Chaufour, veine Laitière (Nord).

Fig. 2 A. — Moulage en relief d'une portion du même échantillon, grossi cinq fois.

Fig. 3. — **Bothrodendron minutifolium.** Boulay (sp.). — Fragment de tige.
Mines d'Anzin, fosse Chaufour, moyenne veine (Nord).

Fig. 4. — **Bothrodendron minutifolium** Boulay. (sp.). — Fragment de rameau divisé par dichotomie en ramules feuillés, eux-mêmes dichotomes.
Mines d'Anzin, fosse Renard, veine Paul (Nord).

Fig. 4 A. — Portion de rameau du même échantillon, grossie cinq fois.

Fig. 4 B. — Portion d'un ramule du même échantillon, grossie cinq fois.

Fig. 4 C. — Feuilles d'un autre ramule du même échantillon, grossies cinq fois.

Fig. 5. — **Ulodendron minus.** Lindley et Hutton. — Fragment d'une tige en partie décortiquée et présentant deux files verticales, diamétralement opposées, de dépressions circulaires ombiliquées, dont une seule est visible sur le dessin, l'autre se trouvant sur la face postérieure de l'échantillon.
Mines d'Anzin (concession de Vieux-Condé), fosse Chabaud-Latour, veine Philippine (Nord).

PL. LXXIV.

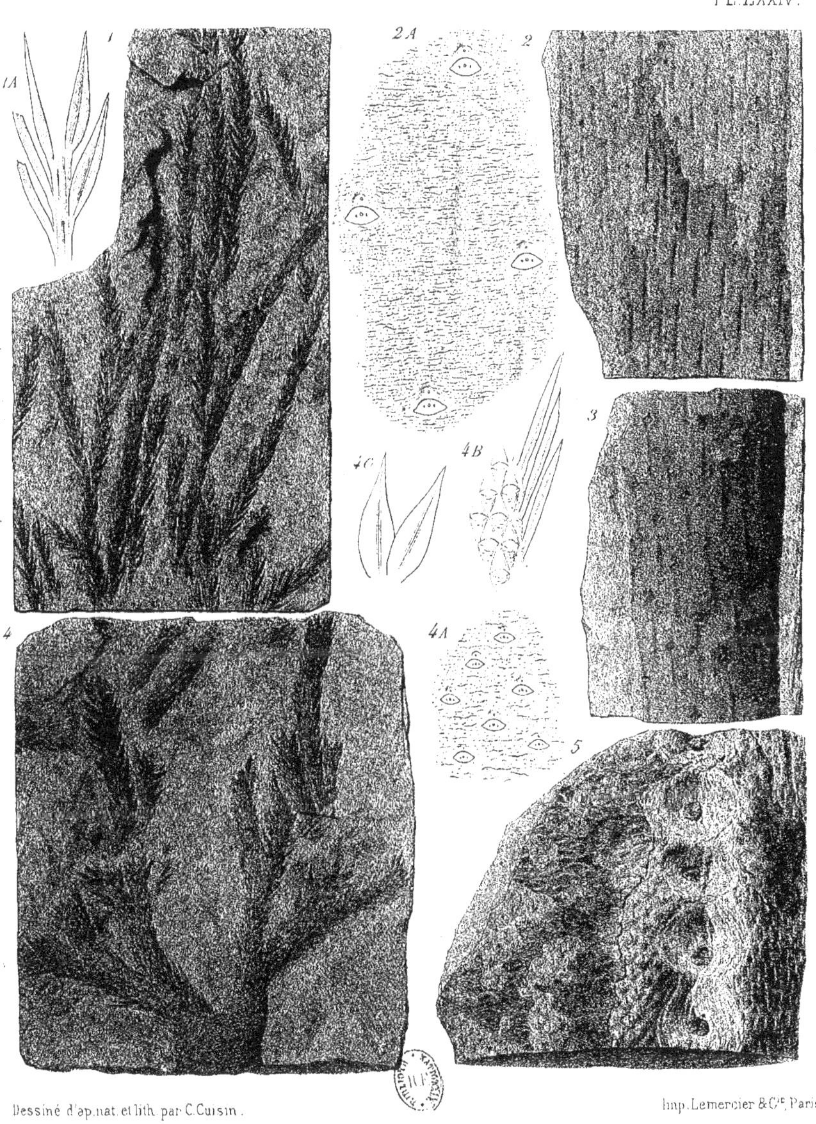

Dessiné d'ap. nat. et lith. par C. Cuisin.

Imp. Lemercier & Cie, Paris

PLANCHE LXXV

PLANCHE LXXV

EXPLICATION DES FIGURES

Fig. 1. — **Bothrodendron punctatum.** Lindley et Hutton. — Fragment d'une tige, encore munie de son écorce avec les cicatrices foliaires et présentant une profonde dépression à ombilic excentré, correspondant sans doute à l'insertion d'un cône de fructification.

Mines de Meurchin, fosse n° 1, veine Saint-Charles (Pas-de-Calais).

Fig. 1 A. — Le même échantillon, vu dans son entier, réduit à 1/10e de la grandeur naturelle.

Fig. 2. — **Bothrodendron punctatum.** Lindley et Hutton. — Empreinte d'un fragment de tige présentant sur une partie de son étendue l'écorce transformée en charbon, sur la face interne de laquelle on voit les cicatrices sous-corticales linéaires.

Mines de Meurchin, fosse n° 1, veine Saint-Charles (Pas-de-Calais).

Fig. 2 A. — Moulage en relief d'une partie du même échantillon, grossi cinq fois.

Pl. LXXV

1

2 A

1 A

2

essiné d'ap. nat. et lith. par C. Cuisin.

Imp. Lemercier et Cie Paris

PLANCHE LXXVI

PLANCHE LXXVI

EXPLICATION DES FIGURES

Fig. 1. — **Bothrodendron punctatum.** — Lindley et Hutton. — Fragment de rameau divisé par dichotomie en ramules feuillés, eux-mêmes dichotomes; au bas de l'échantillon on voit un fragment d'un rameau un peu plus gros de la même espèce, orienté en sens inverse de l'autre.
Mines de Carvin, fosse n° 3, veine n° 3 (Pas-de-Calais).

Fig. 1 A. — Cicatrice foliaire du rameau supérieur du même échantillon, grossie cinq fois.

Fig. 1 B. — Cicatrices foliaires de la base d'un des ramules du même échantillon, grossies cinq fois.

Fig. 1 C. — Portion d'un des ramules feuillés du même échantillon, grossie cinq fois.

Fig. 1 D. — Cicatrices foliaires du rameau inférieur du même échantillon, grossies cinq fois.

Fig. 2. — **Lepidostrobus Geinitzi.** Schimper. — Fragment d'un cône de fructification montrant l'axe ligneux et les bractées portant les sporanges sur leur partie horizontale, puis relevées verticalement.
Mines de l'Escarpelle, fosse n° 4, veine n° 3 (Nord).

Fig. 3. — **Lepidostrobus variabilis.** Lindley et Hutton. — Cône de fructification presque complet.
Mines de l'Escarpelle, fosse n° 5, veine n° 17 (Nord).

Fig. 3 A. — Portion du même échantillon, grossie deux fois, montrant les sporanges fixés sur les bractées.

Fig. 3 B. — Bractée du même échantillon, grossie deux fois.

Fig. 4. — **Lepidostrobus variabilis.** Lindley et Hutton. — Fragment d'un cône de fructification.
Mines de Marles (Pas-de-Calais).

Fig. 5. — **Lepidostrobus ornatus.** Brongniart. — Fragment d'un cône de fructification.
Mines de Bully-Grenay, veine du Petit-Saint-Jean (Pas-de-Calais).

Fig. 5 A. — Portion du même échantillon, grossie deux fois, montrant les sporanges fixés sur les bractées.

Fig. 6. — **Lepidostrobus ornatus.** Brongniart. — Sommet d'un cône de fructification.
Mines de Marles (Pas-de-Calais).

PL. LXXVI.

Dessiné d'ap. nat. et lith. par C. Cuisin.

Imp. Lemercier et Cie Paris.

PLANCHE LXXVII

PLANCHE LXXVII

EXPLICATION DES FIGURES

FIG. 1. — **Lepidostrobus Olryi.** ZEILLER. — Fragment d'un épi de fructification.
Mines d'Anzin (concession de Vieux-Condé), fosse de Vieux-Condé, veine Rapuroir (Nord).

FIG. 1 A. — Portion du même échantillon, grossie deux fois.

FIG. 2. — **Sigillariostrobus Crepini.** ZEILLER. — Fragment d'un épi de fructification.
Mines de Bully-Grenay, fosse n° 5, veine Sainte-Barbe (Pas-de-Calais).

FIG. 3. — **Sigillariostrobus Crepini.** ZEILLER. — Fragments d'épis de fructification.
Mines de Bully-Grenay, fosse n° 5, veine Sainte-Barbe (Pas-de-Calais).

FIG. 3 A et 3 B. — Portions de l'axe et bractées d'un des épis du même échantillon, grossies deux fois.

FIG. 3 C et 3 D. — Portions des épis du même échantillon, grossies deux fois, montant des sporanges (microsporanges ?) fixés sur les bractées.

FIG. 4, 5 et 6. — **Lepidophyllum triangulare.** ZEILLER. — Fragments d'une grande plaque présentant des débris de cônes de fructification et des bractées détachées.
Mines de Bully-Grenay, fosse n° 3, veine Désirée (Pas-de-Calais).

FIG. 7. — **Lepidophyllum lanceolatum.** LINDLEY et HUTTON. — Bractée isolée.
Mines de Ferfay, fosse n° 3, veine Marsy (Pas-de-Calais).

FIG. 8. — **Lepidophyllum lanceolatum.** LINDLEY et HUTTON. — Fragments de cônes de fructification et bractées détachées.
Mines d'Annœullin (Pas-de-Calais).

FIG. 8 A et 8 B. — Portions du même échantillon, grossies deux fois.

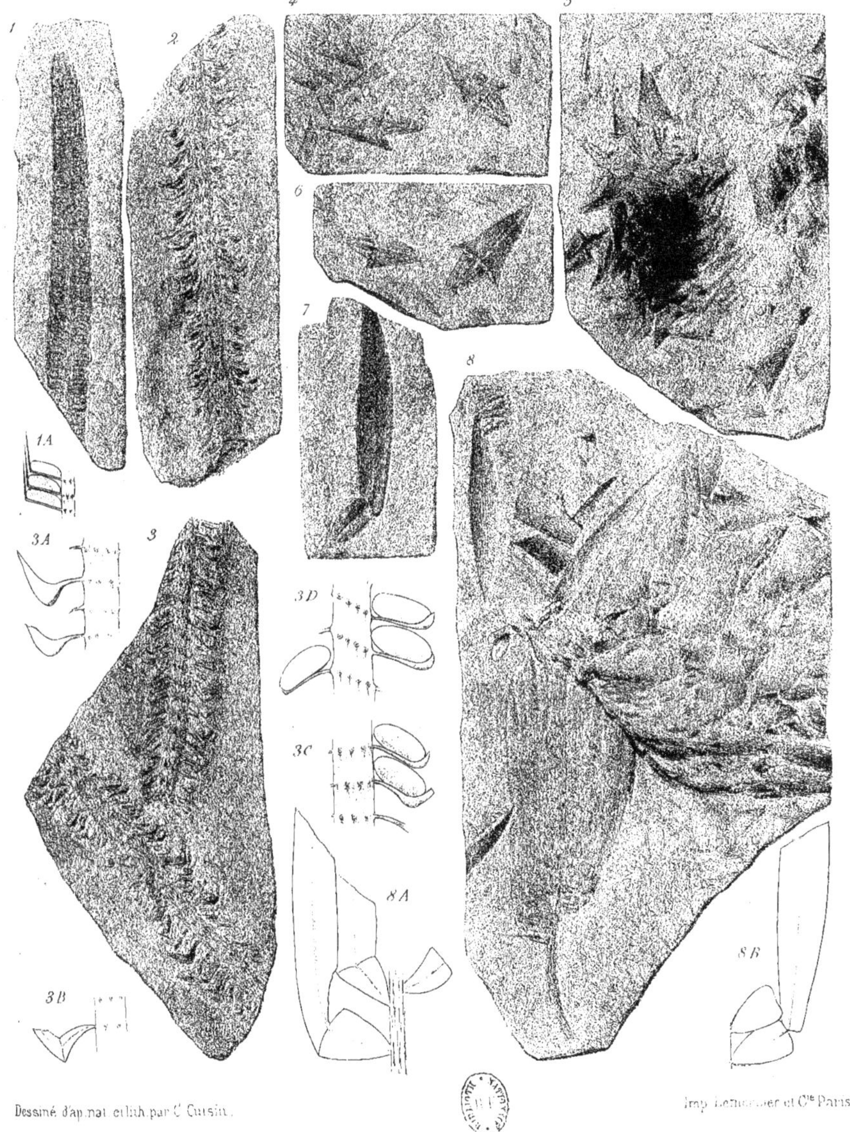

Dessiné d'ap. nat. et lith. par C. Cuisin.

Imp. Lemercier et Cie Paris

PLANCHE LXXVIII

PLANCHE LXXVIII

EXPLICATION DES FIGURES

FIG. 1. — **Sigillaria lævigata**. BRONGNIART. — Fragment d'une tige en partie décortiquée montrant les cicatrices foliaires superficielles et les cicatrices sous-corticales.
Mines de Nœux, fosse n° 1, veine Saint-Casimir (Pas-de-Calais).

FIG. 2. — **Sigillaria lævigata**. BRONGNIART. — Partie inférieure d'une feuille montrant sa base d'insertion.
Mines de Nœux, fosse n° 1, veine Saint-Michel (Pas-de-Calais).

FIG. 3. — **Sigillaria lævigata**. BRONGNIART. — Empreinte d'un fragment de tige montrant l'intercalation d'une côte supplémentaire.
Mines d'Anzin (concession de Raismes), fosse Bleuse-Borne, veine à filons (Nord).

FIG. 4. — **Sigillaria lævigata**. BRONGNIART. — Empreinte d'un fragment de tige.
Mines de Nœux, fosse n° 1, veine Saint-Théodore (Pas-de-Calais).

FIG. 4 A. — Moulage d'une cicatrice foliaire du même échantillon, grossi deux fois.

FIG. 5. — **Sigillaria cordigera**. ZEILLER. — Fragment d'une tige en partie décortiquée.
Mines de l'Escarpelle, fosse n° 4, veine n° 3 (Nord).

FIG. 5 A. — Portion de côte du même échantillon, grossie deux fois.

PL. LXXVIII.

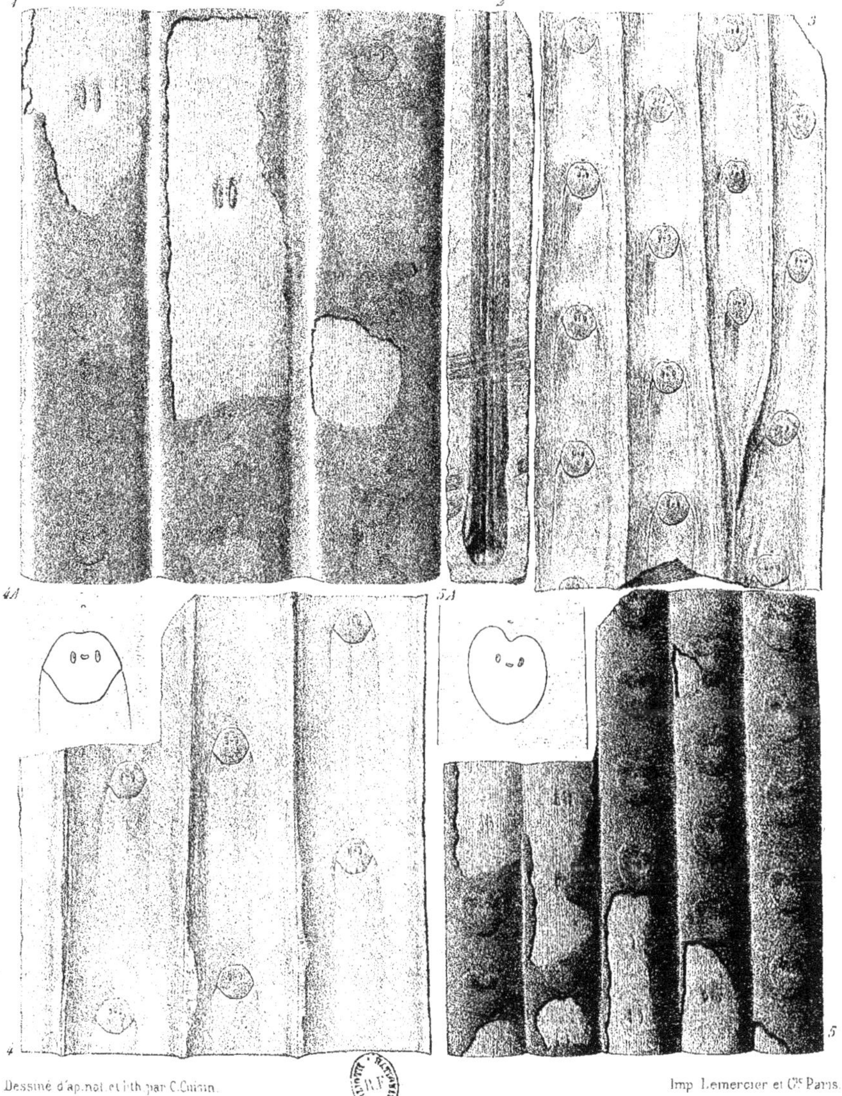

Dessiné d'ap. nat. et lith. par C. Cuisin.

Imp. Lemercier et Cie Paris.

PLANCHE LXXIX

PLANCHE LXXIX

EXPLICATION DES FIGURES

Fig. 1. — **Sigillaria principis.** Weiss. — Empreinte d'un fragment de tige.
Mines de Courrières, fosse n° 1, veine Saint-Jean (Pas-de-Calais).

Fig. 1 A. — Moulage en relief d'une portion de côte du même échantillon, grossi deux fois.

Fig. 2. — **Sigillaria principis.** Weiss. — Empreinte d'un fragment de tige.
Mines de Courcelles-les-Lens, veine n° 3 (Pas-de-Calais).

Fig. 3. — **Sigillaria ovata.** Sauveur (?) — Fragment de tige appartenant probablement à un jeune individu de cette espèce.
Mines de Lens, fosse n° 4, veine Léonard (Pas-de-Calais).

Fig. 4. — **Sigillaria ovata.** Sauveur. — Empreinte d'un fragment de tige.
Mines de Fléchinelle (Pas-de-Calais).

Fig. 5. — **Sigillaria ovata.** Sauveur. — Fragment d'une tige en partie décortiquée.
Mines de Meurchin (Pas-de-Calais).

Fig. 5 A. — Portion d'une côte du même échantillon, grossie deux fois.

Fig. 6. — **Sigillaria ovata.** Sauveur. — Fragment d'une tige en partie décortiquée.
Mines de Meurchin (Pas-de-Calais).

Fig. 7. — **Sigillaria ovata.** Sauveur. — Fragment d'une tige en partie décortiquée.
Mines de Courrières, veine de la Reconnaissance (Pas-de-Calais).

PL. LXXIX

Dessiné d'ap. nat. et lith. par C. Cuisin.

Imp. Lemercier & Cie Paris.

PLANCHE LXXX

PLANCHE LXXX

EXPLICATION DES FIGURES

Fig. 1. — **Sigillaria rugosa**. Brongniart. — Empreinte d'un fragment de l'écorce d'une tige âgée.
Mines d'Anzin (Nord).

Fig. 2. — **Sigillaria rugosa**. Brongniart. — Empreinte d'un fragment de l'écorce d'une tige plus jeune.
Mines d'Aniche, veine Constance (Nord).

Fig. 2 A. — Moulage en relief des cicatrices foliaires du même échantillon, grossi deux fois.

Fig. 3. — **Sigillaria rugosa**. Brongniart. — Fragment d'une jeune tige en partie décortiquée.
Mines de Douchy, fosse n° 1, veine Magenta (Nord).

Fig. 4. — **Sigillaria rugosa**. Brongniart. — Empreinte d'un fragment de l'écorce d'une tige très jeune.
Mines de Douchy, fosse n° 1, veine Saint-Mathieu (Nord).

Fig. 5. — **Sigillaria rugosa**. Brongniart. — Empreinte d'un fragment de l'écorce d'une jeune tige.
Mines de Douchy, fosse n° 1, veine Saint-Mathieu (Nord).

Fig. 5 A. — Moulage en relief d'une des côtes du même échantillon, grossi deux fois.

Fig. 6. — **Sigillaria Deutschi**. Brongniart. — Fragment d'une tige en partie décortiquée.
Mines de Marles, veine Sainte-Barbe (Pas-de-Calais).

Fig. 7. — **Sigillaria Deutschi**. Brongniart. — Fragment d'une jeune tige en partie décortiquée.
Mines de Courrières, fosse n° 1, veine Saint-Félix (Pas-de-Calais).

Fig. 7 A. — Portion d'une des côtes du même échantillon, grossie deux fois

Fig. 8. — **Sigillaria Deutschi**. Brongniart. — Empreinte d'un fragment de l'écorce d'une tige plus âgée.
Mines de Courrières, veine Sainte-Barbe (Pas-de-Calais).

Pl. XXX

Dessiné d'ap. nat. et lith. par C. Cuisin

Imp. Lemercier & Cie Paris

PLANCHE LXXXI

PLANCHE LXXXI

EXPLICATION DES FIGURES

Fig. 1. — **Sigillaria elongata.** Brongniart. — Fragment d'une tige âgée, en partie décortiquée.
Mines de Carvin, fosse n° 3, veine n° 3 (Pas-de-Calais).

Fig. 1 A. — Cicatrices foliaires du même échantillon, grossies deux fois.

Fig. 2. — **Sigillaria elongata.** Brongniart. — Fragment d'une jeune tige en partie décortiquée.
Mines d'Anzin, fosse Thiers, veine Filonnière (Nord).

Fig. 3. — **Sigillaria elongata.** Brongniart. — Empreinte d'un fragment de tige.
Mines d'Anzin, fosse Thiers, veine Filonnière (Nord).

Fig. 4. — **Sigillaria elongata.** Brongniart. — Empreinte d'un fragment de tige présentant, entre les côtes, des cicatrices allongées correspondant à des épis de fructification.
Mines de Bully-Grenay, fosse n° 5, veine Saint-Joseph (Pas-de-Calais).

Fig. 4 A. — Moulage en relief d'une portion du même échantillon, montrant l'une de ces cicatrices d'épis.

Fig. 5. — **Sigillaria elongata.** Brongniart. — Empreinte d'un fragment de tige présentant des côtes légèrement ondulées.
Mines d'Anzin, fosse Thiers, veine Meunière (Nord).

Fig. 5 A. — Moulage en relief d'une des côtes du même échantillon, grossi deux fois.

Fig. 6. — **Sigillaria elongata.** Brongniart. — Empreinte d'un fragment de tige.
Mines de Nœux, fosse n° 3, veine Désirée (Pas-de-Calais).

Fig. 7. — **Sigillaria elongata.** Brongniart. — Empreinte d'un fragment de tige.
Mines de Liévin (Pas-de-Calais).

Fig. 8. — **Sigillaria elongata.** Brongniart. — Empreinte d'un fragment d'une jeune tige.
Mines de Meurchin (Pas-de-Calais).

Fig. 8 A. — Moulage en relief d'une des côtes du même échantillon, grossi deux fois.

Fig. 9. — **Sigillaria elongata.** Brongniart. — Empreinte d'un fragment de tige.
Mines d'Anzin, fosse Thiers, veine n° 2 (Nord).

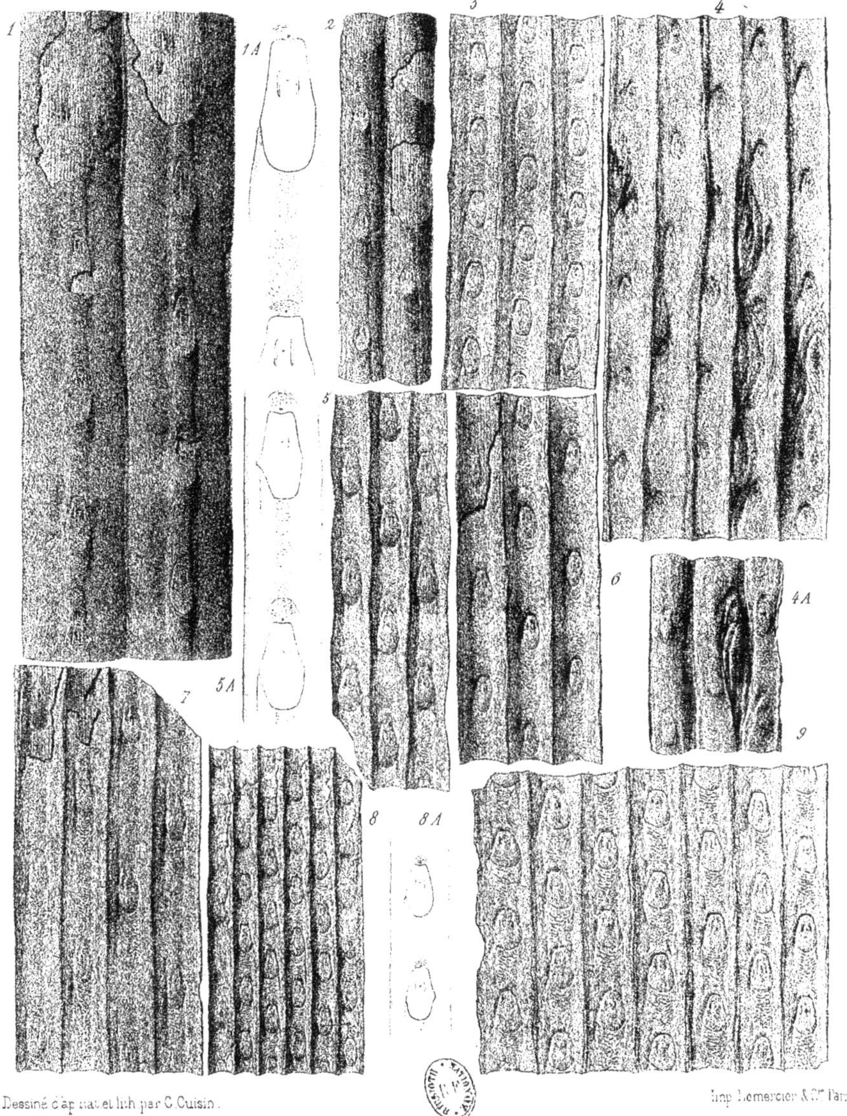

Dessiné d'ap. nat. et lith. par C. Cuisin.

Imp. Lemercier & Cie Paris

PLANCHE LXXXII

PLANCHE LXXXII

EXPLICATION DES FIGURES

FIG. 1. — **Sigillaria scutellata.** BRONGNIART. — Fragment de tige.
Mines d'Anzin (concession de Raismes), fosse Bonne-Part, veine Neuf-Paumes (Nord).

FIG. 2. — **Sigillaria scutellata.** BRONGNIART. — Empreinte d'un fragment de tige présentant, entre deux côtes, une cicatrice allongée correspondant à un épi de fructification.
Mines d'Anzin, fosse Thiers, veine Filonnière (Nord).

FIG. 2 A. — Moulage en relief d'une des côtes du même échantillon, grossi deux fois.

FIG. 3. — **Sigillaria scutellata.** BRONGNIART. — Fragment d'une tige décortiquée et empreinte de la face postérieure de l'écorce.
Mines d'Anzin, fosse Renard, veine Paul (Nord).

FIG. 4. — **Sigillaria scutellata.** BRONGNIART. — Empreinte d'un fragment de tige.
Mines de l'Escarpelle, fosse n° 4, veine n° 4 (Nord).

FIG. 5. — **Sigillaria scutellata.** BRONGNIART. — Fragment d'une tige en partie décortiquée, et empreinte de la face postérieure de l'écorce.
Mines d'Anzin, fosse Thiers, veine Meunière (Nord).

FIG. 6. — **Sigillaria scutellata.** BRONGNIART. — Empreinte d'un fragment de tige.
Mines de Ferfay, fosse n° 2, veine Présidente (Pas-de-Calais).

FIG. 7. — **Sigillaria polyploca.** BOULAY. — Empreinte d'un fragment de tige.
Mines de l'Escarpelle, fosse n° 4 (Nord).

FIG. 7 A. — Moulage en relief d'une portion du même échantillon, grossi deux fois.

FIG. 8. — **Sigillaria polyploca.** BOULAY. — Empreinte d'un fragment de tige avec une portion d'écorce présentant les cicatrices sous-corticales.
Mines de l'Escarpelle, fosse n° 4, veine n° 3 (Nord).

FIG. 9. — **Sigillaria scutellata.** BRONGNIART. — Empreinte d'un fragment de tige présentant, entre les côtes, de nombreuses cicatrices d'épis de fructification.
Mines d'Aniche, fosse Dechy, veine n° 7 (Nord).

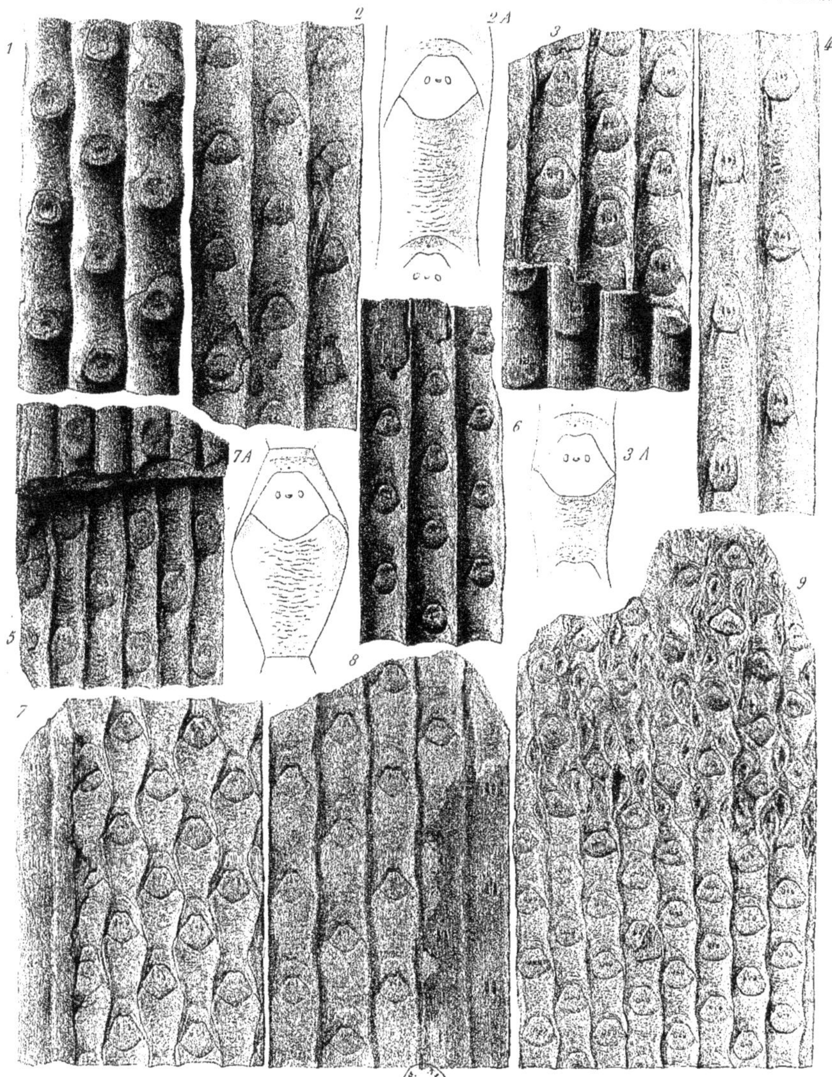

Dessiné d'ap. nat. et lith. par C. Cuisin

Imp. Lemercier & Cie Paris

PLANCHE LXXXIII

PLANCHE LXXXIII

EXPLICATION DES FIGURES

Fig. 1. — **Sigillaria Boblayi.** Brongniart. — Fragment d'une tige en partie décortiquée.
Mines d'Auchy-au-Bois (Pas-de-Calais).

Fig. 2. — **Sigillaria Boblayi.** Brongniart. — Empreinte d'un fragment de tige.
Mines d'Anzin (concession de Raismes), fosse Saint-Louis, grande veine (Nord).

Fig. 3. — **Sigillaria Boblayi.** Brongniart. — Empreinte d'un fragment de tige.
Mines d'Anzin, fosse Thiers, veine Filonnière (Nord).

Fig. 3 A. — Moulage en relief d'une côte du même échantillon, grossi deux fois.

Fig. 4. — **Sigillaria acuta.** Zeiller. — Fragment d'une tige en partie décortiquée.
Mines d'Anzin, fosse Thiers, veine Meunière (Nord).

Fig. 4 A. — Portion du même échantillon, grossie deux fois.

Fig. 5. — **Sigillaria Weissi.** Zeiller. — Fragment de tige.
Mines de l'Escarpelle, fosse n° 3, veine Louise (Nord).

Fig. 5 A. — Portion d'une côte du même échantillon, grossie deux fois.

Fig. 5 B. — Portion de côte du même échantillon, grossie trois fois.

Fig. 6. — **Sigillaria nudicaulis.** Boulay. — Empreinte d'un fragment de tige.
Mines de Bully-Grenay, fosse n° 5, veine Sainte-Barbe (Pas-de-Calais).

Fig. 6 A. — Moulage d'une cicatrice foliaire du même échantillon, grossi deux fois.

Pl. LXXXIII

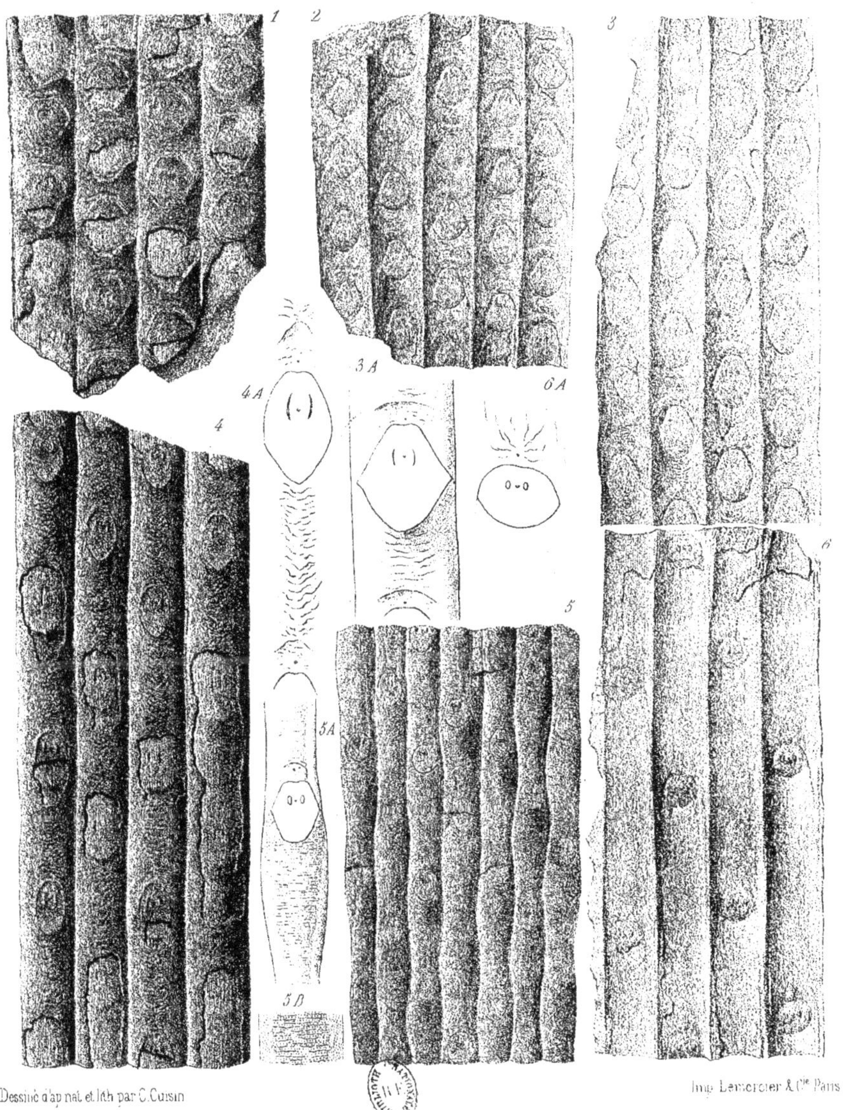

Dessiné d'ap nat et lith par C. Cuisin

Imp. Lemercier & Cie Paris

PLANCHE LXXXIV

PLANCHE LXXXIV

EXPLICATION DES FIGURES

Fig. 1. — **Sigillaria Sauveuri.** Zeiller. — Empreinte d'un fragment de tige présentant une variation remarquable dans l'espacement des cicatrices foliaires.
Mines de Dourges, veine Saint-Louis (Pas-de-Calais).

Fig. 1 A. — Moulage de deux cicatrices foliaires du même échantillon, grossi deux fois.

Fig. 2. — **Sigillaria Sauveuri.** Zeiller. — Empreinte d'un fragment d'une tige âgée, avec un lambeau d'écorce présentant les cicatrices sous-corticales.
Mines de Meurchin (Pas-de-Calais).

Fig. 3. — **Sigillaria Sauveuri.** Zeiller. — Fragment d'une tige, en partie décortiquée.
Mines d'Anzin, fosse Thiers, veine Meunière (Nord).

Fig. 3 A. — Cicatrices foliaires du même échantillon, grossies deux fois.

Fig. 4. — **Sigillaria reniformis.** Brongniart. — Empreinte d'un fragment de tige.
Mines de Bully-Grenay, fosse n° 5, veine Saint-Joseph (Pas-de-Calais).

Fig. 4 A. — Moulage d'une cicatrice foliaire du même échantillon, grossi deux fois.

Fig. 5. — **Sigillaria reniformis.** Brongniart. — Empreinte d'un fragment de tige.
Mines de Liévin (Pas-de-Calais).

Fig. 6. — **Sigillaria reniformis.** Brongniart. — Fragment d'une tige en partie décortiquée.
Provenance inconnue (peut-être des mines de Saarbrück ?).

Pl. LXXXIV

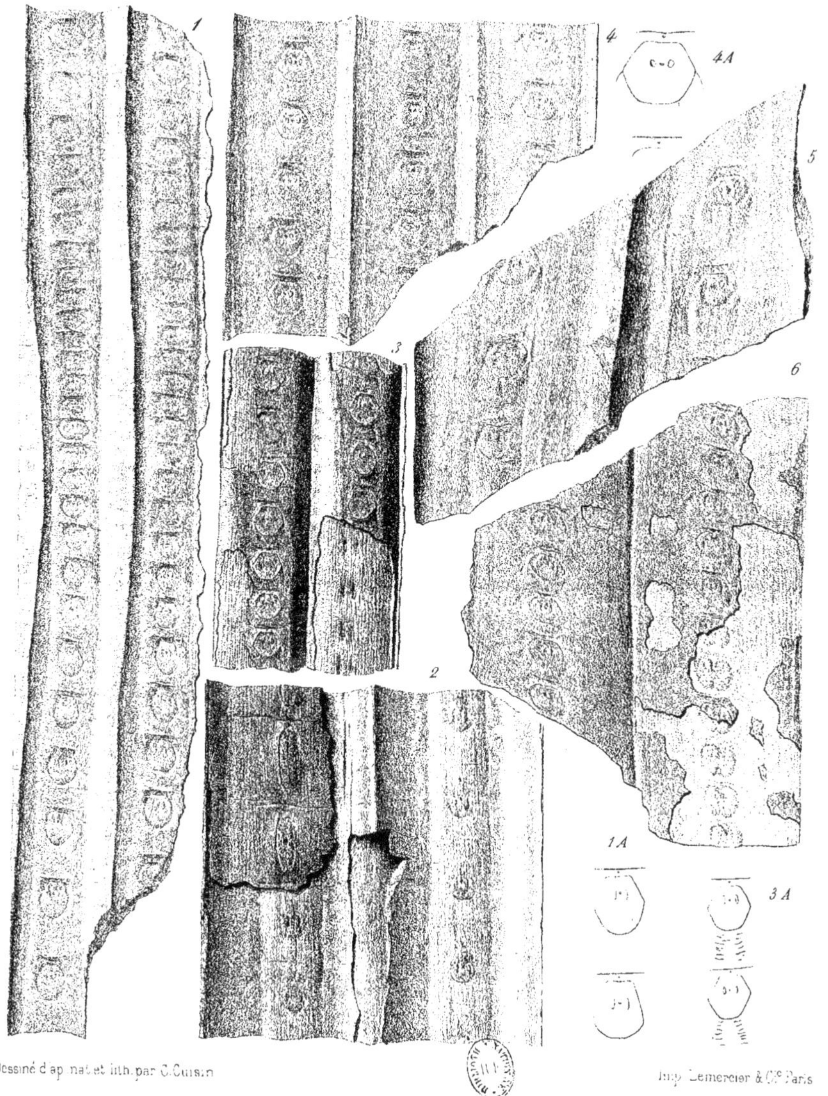

Dessiné d'ap. nat. et lith. par C. Cuisin

Imp. Lemercier & Cie Paris

PLANCHE LXXXV

22

PLANCHE LXXXV

EXPLICATION DES FIGURES

FIG. 1. — **Sigillaria tessellata.** BRONGNIART. — Fragment d'une tige en partie décortiquée présentant, entre les côtes, des cicatrices d'épis de fructification disposées en séries linéaires et montrant, à la hauteur occupée par ces cicatrices, de notables variations dans la disposition des côtes.
Mines de Nœux, fosse n° 4, veine Saint-Paul (Pas-de-Calais).

FIG. 2. — **Sigillaria tessellata.** BRONGNIART. — Empreinte d'un fragment de tige.
Mines de Lens (Pas-de-Calais).

FIG. 3. — **Sigillaria tessellata.** BRONGNIART. — Empreinte d'un fragment de tige.
Mines de Lens (Pas-de-Calais).

FIG. 4. — **Sigillaria tessellata.** BRONGNIART. — Empreinte d'un fragment de tige.
Mines de Bully-Grenay, fosse n° 3, veine Marie (Pas-de-Calais).

FIG. 4 A. — Portion de côte du même échantillon, grossie deux fois.

FIG. 5. — **Sigillaria tessellata.** BRONGNIART. — Fragment d'une tige en partie décortiquée présentant, entre les côtes, des cicatrices d'épis de fructification disposées en séries linéaires.
Mines de Liévin, fosse n° 1, veine Édouard (Pas-de-Calais).

FIG. 6. — **Sigillaria tessellata.** BRONGNIART. — Fragment de tige.
Mines de Bruay, fosse n° 1, 11me veine (Pas-de-Calais).

FIG. 7. — **Sigillaria tessellata.** BRONGNIART. — Fragment d'une tige en partie décortiquée.
Mines de Courrières (Pas-de-Calais).

FIG. 8. — **Sigillaria tessellata.** BRONGNIART. — Empreinte d'un fragment de tige, à cicatrices foliaires inégalement espacées, présentant entre les côtes des cicatrices d'épis de fructification disposées en séries linéaires.
Mines d'Anzin (concession de Raismes), fosse Bleuse-Borne, veine à filons (Nord).

FIG. 9. — **Sigillaria tessellata.** BRONGNIART. — Empreinte d'un fragment de tige.
Mines de Bully-Grenay, fosse n° 5, veine Saint-Joseph (Pas-de-Calais).

FIG. 9 A. — Portion de côte du même échantillon, grossie deux fois.

Pl. LXXXV

1
2
4
5
3
4A
8
6
7
9
9A

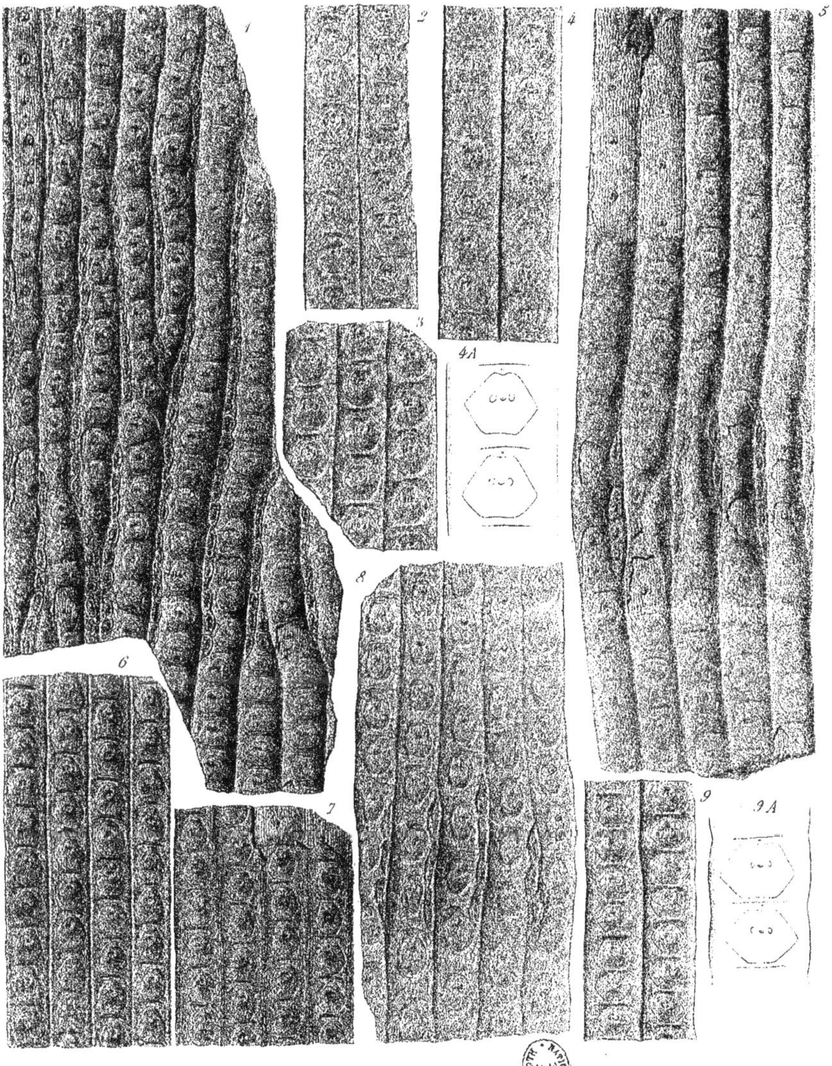

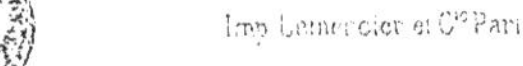

Dessiné d'ap. nat. et lith. par ... Cousin

Imp. Lemercier et Cie Paris.

PLANCHE LXXXVI

PLANCHE LXXXVI

EXPLICATION DES FIGURES

Fig. 1, 2 et 3. — **Sigillaria tessellata.** Brongniart. — Empreintes de fragments de tige, épars sur une même plaque, et montrant les variations de l'espacement relatif des cicatrices foliaires.
Mines d'Anzin (concession de Raismes), fosse Saint-Louis, veine Boulangère (Nord).

Fig. 4. — **Sigillaria tessellata.** Brongniart. — Empreinte d'un fragment de tige.
Mines de Lens (Pas-de-Calais).

Fig. 5. — **Sigillaria tessellata.** Brongniart. — Fragment d'empreinte d'une tige âgée.
Mines de Bully-Grenay (Pas-de-Calais).

Fig. 6. — **Sigillaria tessellata.** Brongniart. — Empreinte d'un fragment d'une tige âgée.
Mines de Courrières, veine de la Reconnaissance (Pas-de-Calais).

Fig. 7. — **Sigillaria Davreuxi.** Brongniart. — Empreinte d'un fragment de tige présentant, sur le bord des côtes, des cicatrices isolées, correspondant à des épis de fructification.
Mines de l'Escarpelle, fosse n° 4, veine n° 3 (Nord).

Fig. 8. — **Sigillaria Davreuxi.** Brongniart. — Empreinte d'un fragment de tige.
Mines d'Anzin, fosse Renard, veine Président (Nord).

Fig. 8 A. — Moulage en relief d'une côte du même échantillon, grossi deux fois.

Fig. 9. — **Sigillaria Davreuxi.** Brongniart. — Empreinte d'un fragment de tige.
Mines d'Anzin (concession de Raismes), fosse Bleuse-Borne, petite veine (Nord).

Fig. 10. — **Sigillaria Davreuxi.** Brongniart. — Empreinte d'un fragment de tige.
Mines de Ferfay, fosse n° 1, veine Espérance (Pas-de Calais).

Fig. 11. — **Sigillaria Micaudi.** Zeiller. — Fragment de tige.
Mines de Bully-Grenay, fosse n° 7, veine Christian (Pas-de-Calais).

Fig. 11 A. — Portion de côte du même échantillon, grossie deux fois.

Fig. 12. — **Sigillaria Micaudi.** Zeiller. — Fragment de tige.
Mines de Nœux, fosse n° 1, veine Saint-Casimir (Pas-de-Calais).

PL. LXXXVI

Dessiné d'ap. nat. et lith. par C. Cuisin.

Imp. Lemercier & Cie Paris

PLANCHE LXXXVII

PLANCHE LXXXVII

EXPLICATION DES FIGURES

Fig. 1. — **Sigillaria elegans.** Sternberg (sp.). — Empreinte d'un fragment de tige présentant des cicatrices d'épis de fructification.
Mines d'Aniche, fosse Gayant, veine n° 6 (Nord).

Fig. 1 A. — Moulage en relief d'une portion de côte du même échantillon, grossie deux fois.

Fig. 2. — **Sigillaria elegans.** Sternberg (sp.). — Fragment d'une tige plus âgée, en partie décortiquée.
Mines de Douchy, fosse n° 8, veine Jumelles (Nord).

Fig. 3. — **Sigillaria elegans.** Sternberg (sp.). — Fragment d'une vieille tige en partie décortiquée.
Mines de Douchy (Nord).

Fig. 4. — **Sigillaria elegans.** Sternberg (sp.). — Fragment d'une jeune tige décortiquée, et empreinte de la face postérieure de l'écorce.
Mines de Vicoigne, veine Sainte-Barbe (Nord).

Fig. 4 A. — Moulage en relief d'une portion du même échantillon, grossi deux fois.

Fig. 5. — **Sigillaria mamillaris.** Brongniart. — Empreinte d'un fragment de tige présentant des cicatrices d'épis de fructification.
Mines de Bully-Grenay, veine Saint-Alexis (Pas-de-Calais).

Fig. 5 A. — Moulage en relief d'une côte du même échantillon, grossi deux fois.

Fig. 6. — **Sigillaria mamillaris.** Brongniart. — Fragment de tige décortiquée, et empreinte de la face postérieure de l'écorce présentant des cicatrices d'épis de fructification.
Mines d'Anzin, fosse Renard, veine Président (Nord).

Fig. 6 A. — Moulage en relief d'une portion de côte du même échantillon, grossi deux fois.

Fig. 7. — **Sigillaria mamillaris.** Brongniart. — Fragment de tige présentant une cicatrice d'épi de fructification.
Mines d'Anzin, fosse Renard, veine Président (Nord).

Fig. 8. — **Sigillaria mamillaris.** Brongniart. — Empreinte d'un fragment d'une jeune tige.
Mines de Bully-Grenay, fosse n° 5, veine Saint-Joseph (Pas-de-Calais).

Fig. 9. — **Sigillaria mamillaris.** Brongniart. — Empreinte d'un fragment de tige.
Mines de Bully-Grenay, fosse n° 5, veine Saint-Joseph (Pas-de-Calais).

Fig. 10. — **Sigillaria mamillaris.** Brongniart. — Empreinte d'un fragment d'une jeune tige.
Mines de Bully-Grenay, fosse n° 5, veine Saint-Joseph (Pas-de-Calais).

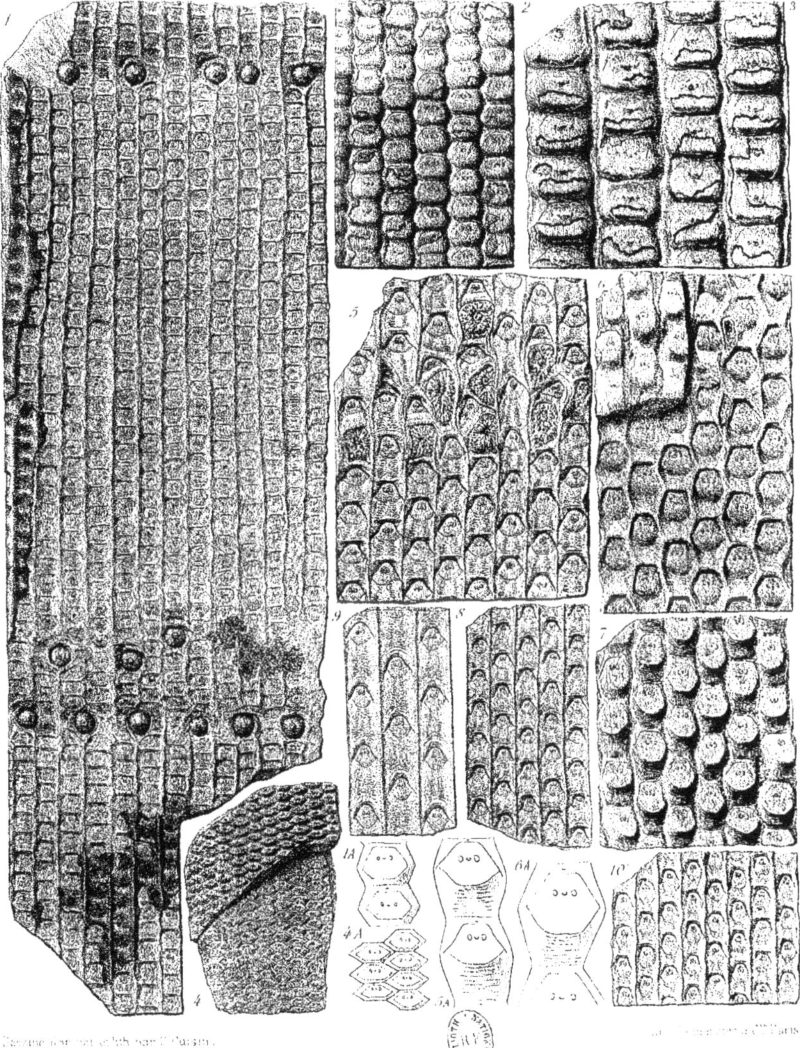
1
2
3
4
5
6
7
8
9
10
1A
4A
5A
6A

PLANCHE LXXXVIII

PLANCHE LXXXVIII

EXPLICATION DES FIGURES

Fig. 1. —**Sigillaria transversalis**. Brongniart. — Empreinte d'un fragment de tige.
Mines de Bruay, fosse n° 1, veine n° 9 (Pas-de-Calais).

Fig. 1 A. — Moulage en relief d'une côte du même échantillon, grossi deux fois.

Fig. 2. — **Sigillaria reticulata**. Lesquereux. — Fragment de tige et empreinte de la face postérieure de l'écorce.
Mines de l'Escarpelle, fosse n° 4, veine n° 4 (Nord).

Fig. 2 A. — Cicatrice foliaire du même échantillon, grossie deux fois.

Fig. 3. — **Sigillaria Walchi**. Sauveur. — Fragment d'une tige en partie décortiquée.
Mines d'Anzin (concession de Raismes), fosse Saint-Louis, veine Filonnière (Nord).

Fig. 3 A. — Portion de côte du même échantillon, grossie deux fois.

Fig. 4. — **Sigillaria camptotænia**. Wood (sp.). — Fragment d'une tige dépouillée d'une partie de son épiderme.
Mines de Bully-Grenay, fosse n° 5, passée de Noireux (Pas-de-Calais).

Fig. 5. — **Sigillaria camptotænia**. Wood (sp.). — Empreinte d'un fragment de tige.
Mines de Bully-Grenay (Pas-de-Calais).

Fig. 6. — **Sigillaria camptotænia**. Wood (sp.). — Empreintes de fragments de tiges.
Mines de Bully-Grenay, fosse n° 6, passée au-dessous de la grande veine.

Fig. 6 A. — Moulage d'une cicatrice foliaire du même échantillon, grossi deux fois.

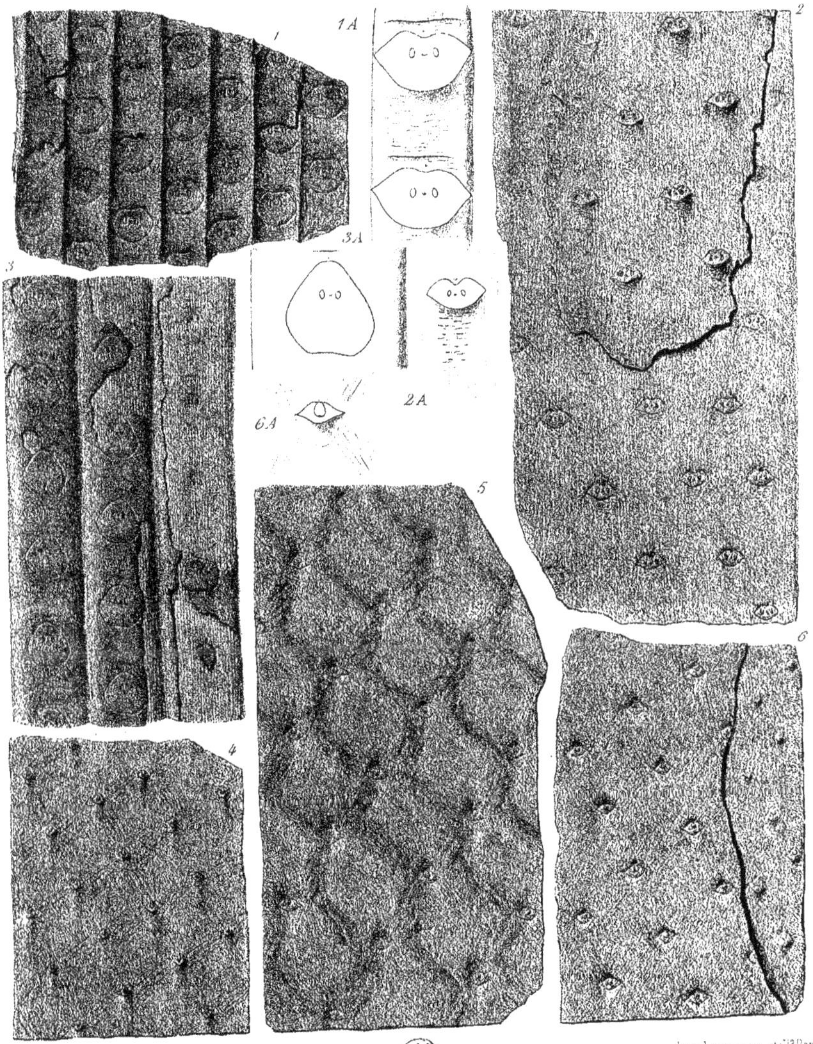

Pl. LXXXVIII

1 1A 2 3A 3 2A 6A 5 6 4

Dessiné d'ap. nat. et lith par C Cuisin

Imp. Lemercier et Cie Paris

PLANCHE LXXXIX

PLANCHE LXXXIX

EXPLICATION DES FIGURES

Fig. 1. — **Sigillariostrobus Goldenbergi.** O. Feistmantel. — Portion d'une grande plaque présentant plusieurs cônes de fructification encore munis de leurs pédoncules, et en partie dépouillés de leurs bractées.
Charbonnages du Grand-Buisson, près Mons (Belgique).

Fig. 2. — **Sigillariostrobus Tieghemi.** Zeiller. — Portion d'une plaque présentant deux cônes de fructification, qui portent encore des macrospores entre leurs bractées, et offrant en outre l'empreinte de plusieurs macrospores isolées.
Mines de l'Escarpelle, fosse n° 4, veine n° 3 (Nord).

Fig. 2 A. — Portion de l'un des cônes du même échantillon, grossie deux fois.

Fig. 2 B. — Moulages d'empreintes de macrospores du même échantillon, grossis quatre fois, montrant les trois stries rayonnantes et les arcs qui les réunissent.

Fig. 3. — **Sigillariostrobus Tieghemi.** Zeiller. — Portion d'un cône de fructification encore muni de son pédoncule garni de bractées aciculaires, en partie brisées.
Mines de l'Escarpelle, fosse n° 4, veine n° 3 (Nord).

Fig. 3 A. — Portion du pédoncule du même échantillon, grossi quatre fois.

Fig. 4. — **Sigillariostrobus Goldenbergi.** Zeiller. — Fragment d'un cône de fructification dépouillé d'une partie de ses bractées, et renfermant de nombreuses macrospores.
Mines de Marles, veine Sainte-Barbe (Pas-de-Calais).

Fig. 4 A. — Macrospore, détachée du même échantillon, grossie quatre fois, montrant ses trois stries et son mode d'ornementation.

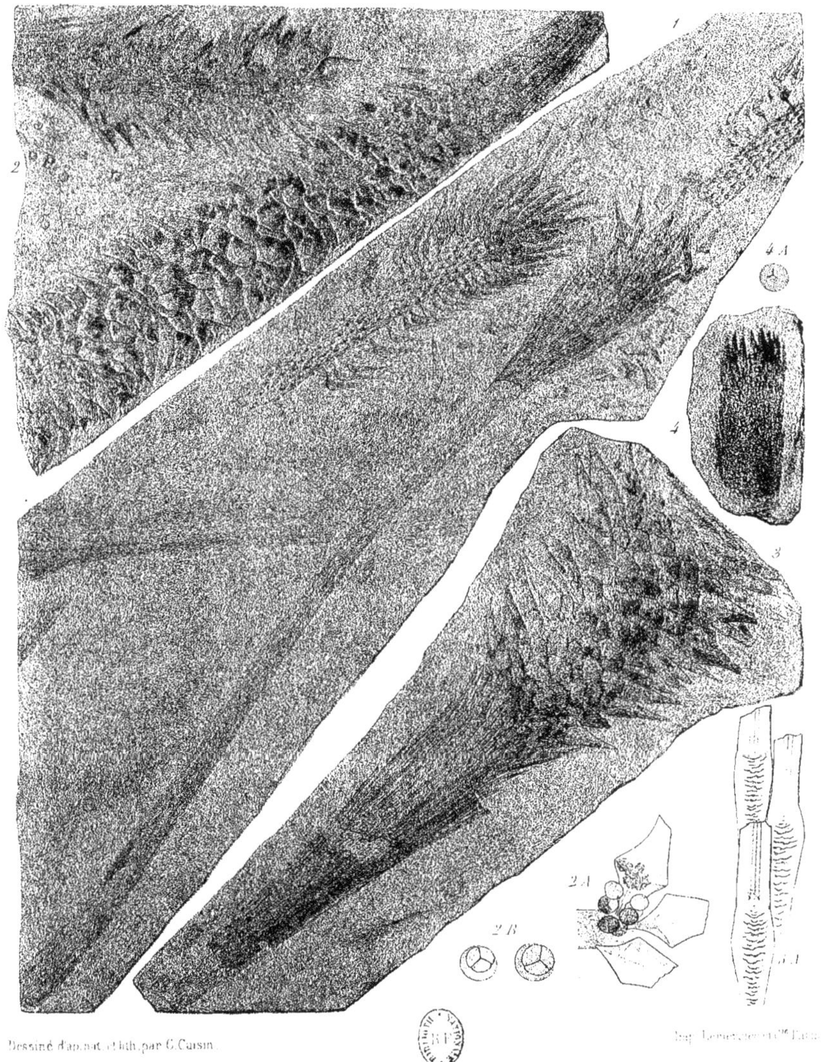

Dessiné d'ap. nat. et lith. par C. Cuisin.

Imp. Lemercier et Cie Paris

PLANCHE XC

PLANCHE XC

EXPLICATION DES FIGURES

FIG. 1. — **Sigillariostrobus nobilis.** ZEILLER. — Portion d'une grande plaque portant deux cônes de fructification, encore munis d'une partie de leurs pédoncules.
Mines d'Anzin, fosse Thiers, veine Printanière (Nord).

FIG. 1 A. — Portion du pédoncule d'un des épis du même échantillon, grossie deux fois, montrant la forme et les ponctuations des coussinets foliaires.

FIG. 2. — **Sigillariostrobus Souichi.** ZEILLER. — Fragment d'un cône de fructification renfermant encore un grand nombre de macrospores.
Mines d'Anzin, fosse Renard, veine Président (Nord).

FIG. 2 A. — Bractée du même échantillon, grossie une fois et demie, montrant plusieurs macrospores groupées vers sa base.

FIG. 2 B. — Macrospore du même échantillon, grossie quatre fois, montrant ses trois stries et son mode d'ornementation.

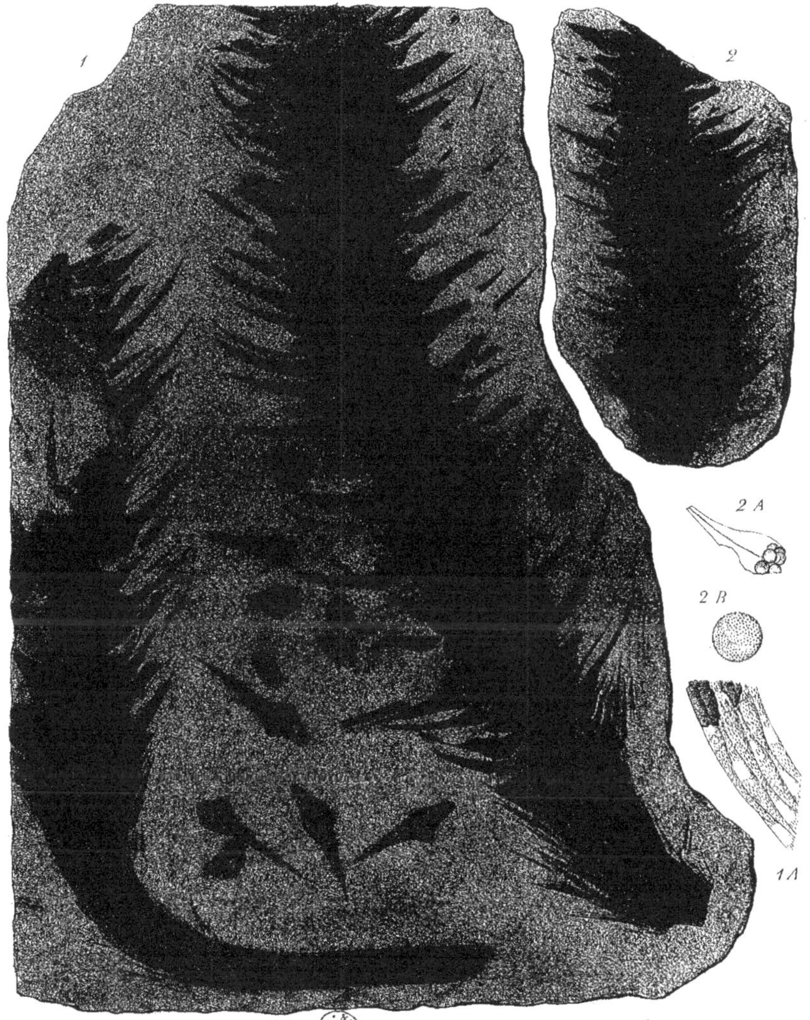

Dessiné d'ap. nat. et lith. par C. Cuisin.

Imp. Lemercier et Cie Paris.

PLANCHE XCI

PLANCHE XCI

EXPLICATION DES FIGURES

Fig. 1. — **Stigmaria ficoïdes.** Sternberg (sp.). — Fragment de racine (ou de rhizôme ?) encore muni de ses appendices.

Mines d'Anzin, fosse Saint-Mark, 3me veine (Nord).

Fig. 2. — **Stigmaria ficoïdes.** Sternberg (sp.). — Fragment de racine (ou de rhizôme ?).

Mines de Vicoigne, veine Sainte-Marie (Nord).

Fig. 3 et 4. — **Stigmaria ficoïdes.** Sternberg (sp.). — Faces supérieure et inférieure d'un même fragment, montrant l'inégale répartition des cicatrices sur les deux faces.

Mines d'Anzin (concession de Raismes), fosse Saint-Louis, petite veine (Nord).

Fig. 5. — **Stigmaria ficoïdes.** Sternberg (sp.), var. *reticulatà* Goeppert. — Fragment de racine (ou de rhizôme?).

Mines de Bully-Grenay, fosse n° 5, passée de Noireux (Pas-de-Calais).

Fig. 6. — **Stigmaria ficoïdes.** Sternberg (sp.). — Fragment de tige (ou de rhizôme ?) présentant, dans son intérieur, le moulage du cylindre ligneux.

Mines de Marles, fosse n° 3 (Pas-de-Calais).

Fig. 7. — **Stigmaria Eveni.** Lesquereux. — Empreinte d'un fragment de racine (ou de rhizôme?).

Mines de Bully-Grenay, fosse n° 2, petite veine à quinze mètres au-dessous de la veine Saint-Vincent (Pas-de-Calais).

Pl. XCI.

1

2

3

4

5

6

7

Dessiné d'ap. nat. et lith. par C. Cuisin.

Imp. Lemercier et Cie Paris

PLANCHE XCII

PLANCHE XCII

EXPLICATION DES FIGURES

Fig. 1 et 2. — **Cordaites borassifolius.** Sternberg (sp.). — Portions supérieure et inférieure d'un fragment de feuille lancéolée, long de $0^m,26$, que le défaut d'espace n'a pas permis de représenter dans son entier.
Mines de Bully-Grenay, veine Saint-Alexis (Pas-de-Calais).

Fig. 2 A. — Portion de la même feuille, grossie six fois, montrant le détail de la nervation et les fines rides transversales qui se trouvent entre les nervures.

Fig. 3. — **Cordaites borassifolius.** Sternberg (sp.). — Partie inférieure d'une feuille montrant sa base d'insertion.
Mines de Lens (Pas-de-Calais).

Fig. 4. — **Cordaites borassifolius.** Sternberg (sp.). — Fragment de feuille froissé et plissé accidentellement.
Mines de Bully-Grenay, fosse n° 5, veine Sainte-Barbe (Pas-de-Calais).

Fig. 4 A. — Portion de la même feuille, grossie six fois, montrant le détail des nervures, saillantes et anguleuses.

Fig. 5. — **Cordaites borassifolius.** Sternberg (sp.). — Portion supérieure d'une feuille.
Mines de Bully-Grenay, fosse n° 5, veine Sainte-Barbe (Pas-de-Calais).

Fig. 5 A et 5 B. — Portions de la même feuille, grossies six fois, montrant le détail de la nervation et l'effacement, dans certaines parties, des nervures fines alternant avec les nervures fortes.

Fig. 6. — **Cordaites borassifolius.** Sternberg (sp.). — Portion supérieure d'une feuille.
Mines de Bully-Grenay, fosse n° 5, veine Sainte-Barbe (Pas-de-Calais).

Fig. 6 A. — Portion de la même feuille, grossie six fois, montrant le détail de la nervation, un peu plus serrée que dans les échantillons précédents.

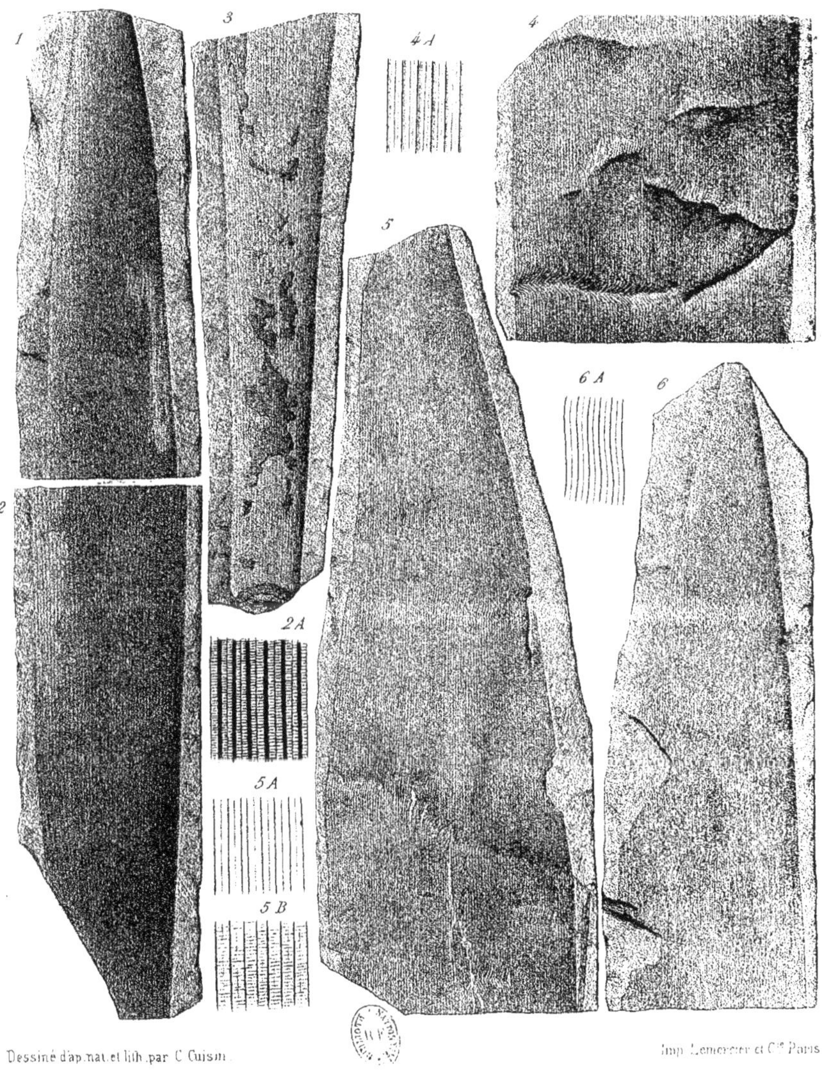

Dessiné d'ap. nat. et lith. par C. Cuisin.

Imp. Lemercier et Cie Paris

PLANCHE XCIII

PLANCHE XCIII

EXPLICATION DES FIGURES

Fig. 1. — **Dorycordaites palmæformis.** Gœppert (sp.). — Portion inférieure d'une feuille montrant sa base d'insertion.

Mines de Meurchin (Pas-de-Calais).

Fig. 2. — **Dorycordaites palmæformis.** Gœppert (sp.). — Portion supérieure d'une feuille.

Mines d'Anzin (concession de Vieux-Condé), fosse Chabaud-Latour, veine Edmond (Nord).

Fig. 2 A. — Portion de la même feuille, grossie six fois, montrant le détail de la nervation.

Fig. 2 B. — Portion de la même feuille, grossie quinze fois, montrant entre les nervures les fines rides transversales qui ne sont visibles qu'à un grossissement assez considérable.

Fig. 3. — **Cordaites principalis.** Germar (sp.). — Portion inférieure d'une feuille.

Mines de Nœux, fosse n° 1, veine Saint-Augustin (Pas-de-Calais).

Fig. 3 A. — Portion de la même feuille, grossie six fois, montrant le détail de la nervation.

Pl. XCIII.

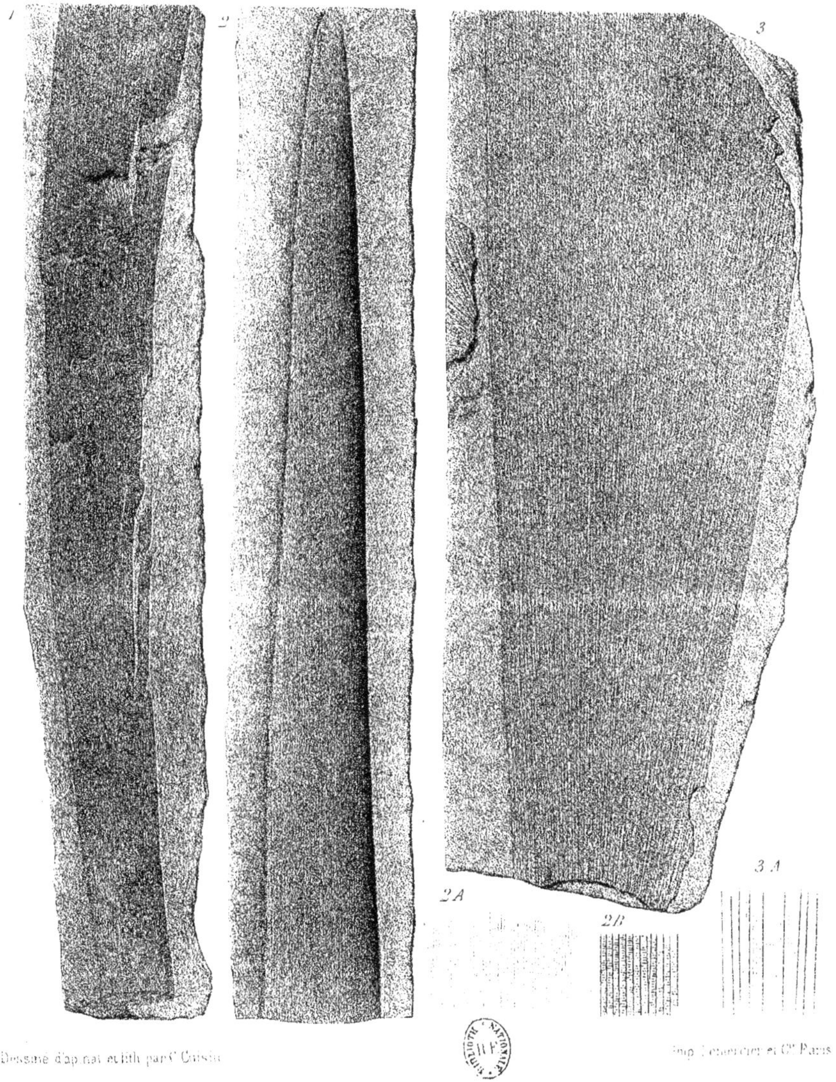

Dessiné d'ap. nat. et lith. par C. Cuisin

Imp. Lemercier et Cie Paris

PLANCHE XCIV

PLANCHE XCIV

EXPLICATION DES FIGURES

Fig. 1. — **Cordaites principalis.** Germar (sp.). — Sommet lacéré d'une feuille.
Mines de l'Escarpelle, fosse n° 4 (Nord).

Fig. 1 A. — Portion de la même feuille, grossie six fois.

Fig. 2. — **Artisia approximata.** Brongniart (sp.). — Empreinte de l'étui médullaire d'un rameau de Cordaite.
Mines d'Hardinghen, fosse du Souich (Pas-de-Calais).

Fig. 3. — **Artisia approximata.** Brongniart (sp.). — Étui médullaire d'un rameau plus petit, avec son anneau ligneux transformé en charbon.
Mines de Douchy, fosse la Naville (Nord).

Fig. 4. — **Cordaianthus Pitcairniæ.** Lindley et Hutton (sp.). — Fragment d'une inflorescence; vers la droite et en haut de l'échantillon, on voit un fragment d'une graine ailée (*Samaropsis*), détachée de cette inflorescence.
Mines d'Hardinghen (Pas-de-Calais).

Fig. 4 A. — Fragment de graine du même échantillon, grossi trois fois.

Fig. 5. — **Cordaianthus Pitcairniæ.** Lindley et Hutton (sp.). — Fragment d'une inflorescence montrant les pédicelles qui sortaient des bourgeons et portaient à leur sommet de jeunes graines.
Mines d'Hardinghen (Pas-de-Calais).

Fig. 5 A. — Portion du même échantillon, grossie deux fois.

Fig. 5 B. — Une des graines du même, grossie trois fois.

Fig. 6. — **Cordaianthus Volkmanni.** Ettingshausen (sp.). — Fragment d'une inflorescence, recouverte par une feuille de *Cordaites borassifolius*, mais visible par son relief.
Mines de Lens, fosse n° 4, veine François (Pas-de-Calais).

Fig. 6 A. — Bourgeon florifère du même, grossi deux fois et demie.

Fig. 7. — **Samaropsis fluitans.** Dawson (sp.). — Empreinte d'une graine isolée.
Mines d'Azincourt (Nord).

Fig. 7 A. — La même graine, grossie trois fois.

Fig. 8. — **Trigonocarpus Nœggerathi.** Sternberg (sp.). — Graine isolée, vue de profil.
Mines de Liévin, fosse n° 1 (Pas-de-Calais).

Fig. 9. — La même graine, vue en dessus.

Fig. 10. — **Trigonocarpus Nœggerathi.** Sternberg (sp.). — Graine isolée, vue de profil.
Mines de Liévin, fosse n° 1 (Pas-de-Calais).

Fig. 11. — **Trigonocarpus Nœggerathi.** Sternberg (sp.). — Empreinte d'une graine fendue suivant une des carènes.
Mines d'Anzin (concession de Raismes), fosse Bleuse-Borne, petite veine (Nord).

Fig. 12. — **Cordaicarpus areolatus.** Boulay. — Fragment d'une plaque portant plusieurs graines.
Mines de Bully-Grenay, fosse n° 5, veine Sainte-Barbe (Pas-de-Calais).

Fig. 12 A. — Une de ces graines, grossie trois fois, montrant les sillons qui forment des aréoles sur le testa.

Fig. 13. — **Cordaicarpus Cordai.** Geinitz (sp.). — Empreinte d'une graine isolée.
Mines d'Anzin, fosse Renard, veine Président (Nord).

Fig. 14. — **Cardiocarpus Boulayi.** Zeiller. — Empreinte d'une graine isolée.
Mines de Courrières (Pas-de-Calais).

Fig. 14 A. — Portion de la même graine, grossie quatre fois, montrant le mode d'ornementation de la surface.

Fig. 15. — **Trigonocarpus Schultzi.** Goeppert et Berger. — Fragment d'une plaque portant l'empreinte de plusieurs graines.
Mines d'Anzin, fosse Renard, veine Mark (Nord).

Fig. 16. — **Trigonocarpus Schultzi.** Goeppert et Berger. — Empreinte d'une graine isolée montrant un fragment de son pédicelle.
Mines d'Anzin, fosse Renard, veine Mark (Nord).

Fig 17. — **Trigonocarpus sporites.** Weiss. — Fragment d'une plaque portant l'empreinte de plusieurs graines.
Mines d'Anzin, fosse Thiers (Nord).

Fig. 17 A et 17 B. — Graines du même échantillon, grossies trois fois.

Fig. 17 C. — Portion de la surface d'une de ces graines, grossie trente-quatre fois, montrant le réseau cellulaire à mailles polygonales.

Fig. 18. — **Carpolithes perpusillus.** Lesquereux. — Fragment d'une plaque portant l'empreinte de plusieurs graines.
Mines de Bruay, fosse n° 3, veine n° 6 (Pas-de-Calais).

Fig. 18 A. — Portion de la surface d'une de ces graines, grossie trente-sept fois, montrant le réseau cellulaire à mailles allongées.

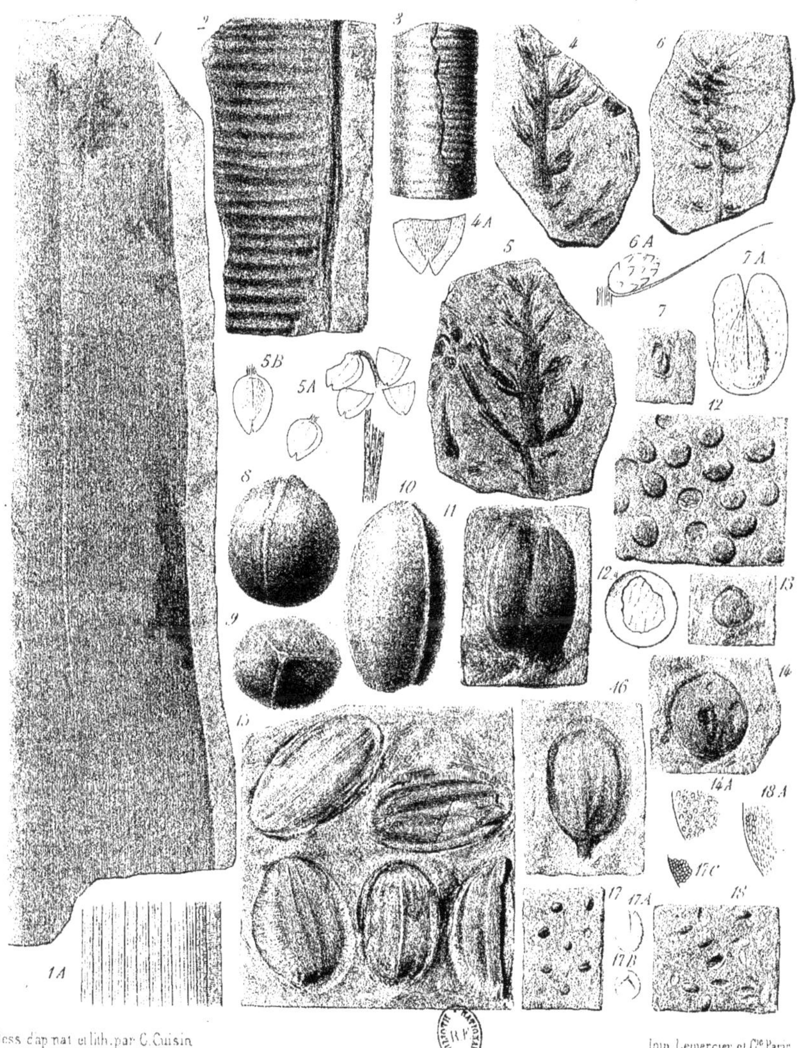

Dess. d'ap. nat. et lith. par C. Cuisin

Imp. Lemercier et Cie Paris.

BASSIN HOUILLER DE VALENCIENNES

Echelle de $\frac{1}{240\,000}$

Fig. 46. *Tracé des zones successives de la formation houillère, déduites de la composition de la flore.*

DÉPARTEMENT DU NORD

DÉPARTEMENT DU PAS-DE-CALAIS

ROYAUME DE BELGIQUE

VALENCIENNES

DOUAI

LENS

BÉTHUNE

LILLERS

AIRE

BOUCHAIN

MARCHIENNES-Ville

CONDÉ

Légende explicative

Formation houillère

Zone supérieure — C

Zone moyenne — B³ Région supérieure; B² Région moyenne; B¹ Région inférieure; B¹B² Région moyenne et inférieure

Zone inférieure — A² Région supérieure; A¹ Région inférieure

Limites séparatives des zones (à l'affleurement au tourtia).

Limites séparatives présumées.

Faille.

Faille présumée.

Imp. Lemercier, Paris

www.ingramcontent.com/pod-product-compliance
Ingram Content Group UK Ltd.
Pitfield, Milton Keynes, MK11 3LW, UK
UKHW020300230726
13925UKWH00001B/141